食品供应链可追溯能力评价体系建设指南

江苏省标准化协会

江苏省质量和标准化研究院　　编著

中国标准出版社

北　京

图书在版编目（CIP）数据

食品供应链可追溯能力评价体系建设指南 / 江苏省
标准化协会，江苏省质量和标准化研究院编著 . —北京：
中国质量标准出版传媒有限公司，2023.12

ISBN 978–7–5026–5320–0

Ⅰ . ①食… Ⅱ . ①江… ②江… Ⅲ . ①食品安全—供
应链管理—中国—指南 Ⅳ . ①TS201.6–62

中国国家版本馆 CIP 数据核字（2023）第 252501 号

出版发行	中国标准出版社	印 刷	北京天恒嘉业印刷有限公司印刷
	北京市朝阳区和平里西街甲 2 号（100029）	版 次	2023 年 12 月第一版　2023 年 12 月第一次印刷
	北京市西城区三里河北街 16 号（100045）	开 本	710mm×1000mm　1/16
	总编室：（010）68533533	印 张	10
	发行中心：（010）51780238	字 数	121 千字
	读者服务部：（010）68523946	书 号	ISBN 978-7-5026-5320-0
网　址	www.spc.net.cn	定 价	49.00 元

如有印装差错　由本社发行中心调换

本书编委会

主　编：许　峰

副主编：左　波　刘　琰

委　员：杨　博　胡　冶　管旭琳

　　　　章学周　王　瑜　侯月丽

追溯技术是从 20 世纪 80 年代开始发展并逐步走向成熟的一项重要的技术。经过几十年的发展，追溯技术以极快的速度渗透到了商业和工业等领域中，给社会的发展带来了极大的便利。在食品安全方面，《中华人民共和国食品安全法》已经明确要求食品生产经营者应当建立追溯体系。国家药品监督管理局从 2018 年起至今已发布多项文件要求推进药品信息化追溯体系建设。2019 年 8 月 26 日，国家药品监督管理局发布《医疗器械唯一标识系统规则》，全面推进医疗器械领域的唯一标识和追溯体系建设。在新型冠状病毒感染的肺炎疫情席卷全球的背景下，国家市场监督管理总局也启动了针对进口三文鱼等海鲜的追溯体系建设。追溯技术在国民经济中扮演着越来越重要的角色。

江苏省标准化协会以及江苏省质量和标准化研究院自 2014 年起，就受原江苏省食品药品监督管理局的委托，开展了食品安全追溯的物品编码与物联网数据采集技术应用方面的研究。编写单位在产品质量安全追溯领域长期耕耘，累计申报并立项发布了 12 项食品安全追溯相关的地方标准，并先后承担了"十二五"国家科技支撑计划，为江苏省 600 余家企业提供食品安全追溯标准培训服务；在标准工作的推动下，江苏省的白酒、乳制品、添加剂行业食品安全追溯覆盖率超过 90%。在上述工作的基础上，江苏省质量和标准化研究院还牵头成立了江苏省市场监管重点实验室（产品追溯与识别技术），旨在对产品追溯和识别领域的新技术、新场景、新应用进行全面研究。该重点实验室专门建立了苏源链区块链防伪追溯平台，并建立了一个可在公共互联网上运行的开放式可追溯网络，使原来封闭的追溯网络可以作为一个自治域接入这个开放的网络中。此外，实验室还将在食用农产品、医疗器械、富硒食品、畜牧业种植养殖、奢侈品、检测报告等领域重点开展追溯与识别技术的科研成果转化。

在长期开展食品安全追溯工作的过程中，我们充分认识到评价和认证工作对于追溯体系的长期有效运行具有重要作用。评价和认证是由公立公正的第三方依据追溯能力评价的相关标准，对企业基于产品质量安全追溯系统开展追溯能力的认可，这对于进一步保护企业开展产品质量安全追溯具有鼓励作用，对于企业进一步增强产品全过程追溯有重要的推动作用。建立第三方企业追溯能力评价标准既要考虑与企业现有的管理体系的一致性，不给企业增加额外的负担，又要考虑尽可能地将食品安全风险控制在一定范围内，使追溯能真正为食品安全服务。实现这个目标要考虑很多约束因素，面临很多困难。这项工作很有意义，同时又充满挑战。我们将自身的一些工作经验和研究成果总结成本书，期待读者阅读本书能进行一些更深入的思考，并积极参与到食品安全追溯相关工作中来，共同为食品安全贡献力量！

编著者

2023 年 10 月

Contents 目 录

第1章 食品安全追溯体系的发展与挑战

"民以食为天，食以安为先"，自古以来，食品安全是关系国计民生的重要基础，是全球范围内的一个重大的民生问题和政治问题。2019年5月出台的《中共中央、国务院关于深化改革加强食品安全工作的意见》指出，"食品安全关系人民群众身体健康和生命安全，关系中华民族未来"，要求"食用农产品生产经营主体和食品生产企业对其产品追溯负责，依法建立食品安全追溯体系，确保记录真实完整，确保产品来源可查、去向可追。国家建立统一的食用农产品追溯平台，建立食用农产品和食品安全追溯标准和规范，完善全程追溯协作机制。加强全程追溯的示范推广，逐步实现企业信息化追溯体系与政府部门监管平台、重要产品追溯管理平台对接，接受政府监督，互通互享信息"。

那什么是食品安全追溯呢？欧盟管理法规将其定义为"在生产、加工销售各个环节中对食品、饲料、食用性动物及有可能成为食物或饲料组成成分的所有物质追溯或追踪能力"。国际标准化组织把可追溯定义为"利用登记的产品识别码，对商品及其行为的历史、使用或位置进行追踪的能力"。莫伊（Moe）（1998）在对食品制造业可追溯性的研究中指出食品追溯可具体分为产品和生产活动两部分，与之相对应的可追溯体系的实施范围则分为企业内与企业间。戈兰（Golan）[1]等（2004）将可追溯体系界定为在整个加工过程或供应链体系中追踪某产品及其特性的记录体系，并设定了可追溯体系的三个基本特征：宽度、深度、精确性。蒙蒂罗（Monteiro）（2007）研究证实，食品可追溯体系能够向买方传递食品质量安全相关的信息，是识别安全风险来源的一个有机体或平台。

应用物联网技术，结合利用现代化的信息手段解决食品安全追溯，创新监管模式，是食品安全控制的重要发展方向。

1.1 国内外食品安全追溯的现状

1.1.1 国外食品安全追溯现状

自从 1986 年英国发生疯牛病以来，英国和欧盟率先明确提出建设农产品追溯体系。一般认为，欧盟是农产品追溯体系建设的首倡者与推动者，美国、加拿大、日本等国家是农产品追溯体系建设的积极实践者。

1）欧盟

欧盟于 1979 年建立了欧盟食品和饲料快速预警系统（RASFF）。基于 RASFF，欧盟成员国及一些非成员国家的食品饲料监管机构可以发布和接收食品饲料风险信息，提出和响应食品饲料的召回信息。从 2014 年开始，欧盟建立专门的 RASFF 门户网站，向消费者提供食品召回和公众健康警告信息，还创建了 RASFF 数据库，为世界其他地区消费者、运营商以及政府部门提供公开的信息服务。

欧盟率先进行了肉牛和犊牛的可追溯性研究，欧盟各国均建立了牛及牛肉标识追溯系统。欧盟规定自 2005 年起，凡在欧洲销售的食品必须有可追溯标签，否则拒绝进入，并制定了鱼类、蛋类和禽类、水果和蔬菜以及转基因产品等相应的追溯法规。欧盟的可溯源系统是通过一个法律框架向公众提供足够清晰的产品标识信息，在生产环节对牛建立有效的验证和注册体系，采用统一的中央数据库对信息进行管理。2001 年，欧盟开始在成员国内部建立牛肉产品追溯系统。欧盟于 2002 年开始实施一项名为"促进欧盟可追溯性卓越研究（PETER）"的庞大研究计划。PETER 计划包括 9 个关键子计划，分别从追溯流程、基因与非基因产品管理、水产品、地理信息技术、DNA 技术应用等多个领域方向开展重点攻关研究，进一步将追溯范围扩大到全部食品，规定对食品、饲料、供食品制造用的家畜，以及与食品、饲料制造相关的物品在生产、加工、流通的各个阶段强制建立可追溯体系，并明确提出禁止进口非追溯产品。2008 年，作为追溯流程项目的核心产出之一，《良好追溯流程》（GTP）开始在欧盟范围内被推广实施。GTP 将追溯过程分解为企业内部追溯与企业间追溯两大部分，并对追溯过程中的信息导入、追溯单元和标识代码等进行了规范，详细定义供应链中追溯信息获取和交换的 XML 格式。GTP 也兼容国际通行的国际物品编码组织（GS1）追溯语言标准。

除了政府主导开展农产品质量安全追溯体系建设之外，欧洲一些大型零售商及产业联盟也展开行动，在其原有采购标准中补充产品追溯性要求。英国零售商协会颁布的《食品安全全球标准》、德国和法国零售商协会主导编制的《国际食品标准》等文件中，都包含了详细的农产品和食品的追溯细则。

欧盟在农产品食品追溯方面的工作有着强有力的法律支撑。目前，欧盟已经建立起以 178/2002 号法规为核心的一整套较为完备的食品饲料安全追溯的法律体系和技术支撑体系。这些法律法规是欧盟各成员国和各大企业联盟制定法律和实施细则的基本参照，同时也是全球其他国家农产品和食品进入欧盟市场的基本准入规范。

欧盟各国普遍采用由国际物品编码协会（EAN）推出的全球统一标识系统（EAN·UCC 系统）来开展质量安全追溯，要求为每一地块建立农药、肥料等的使用情况报备体系，以监控有机农产品的生产过程。其中英国率先建设了基于互联网的牲畜跟踪系统（CTS），实现了牲畜整个生命周期的情况记录。

2）美国

在法律保障上，美国于 2002 年构建了以《2002 年公共卫生安全和生物恐怖防范应对法》《食品安全现代化法案》为核心的农产品食品追溯法律框架，为企业和执法者提供了实施食品追溯的技术和执法依据。要求食品生产者、加工者、分包商、零售商、进口商保持（纸的或电子的）记录，以便迅速识别食品的供给方和接受方。在信息管理上，美国国家动物标识系统（NAIS）（其数据库包括国家养殖场信息库和国家动物记录信息库）属于国家级别的数据库，对录入的信息有统一的标准，由国家对其进行管理和分析。2004年，美国农业部发布《食品追溯白皮书》，要求对畜产品、大宗谷物、果蔬等农产品的生产和流通行为进行信息采集和追踪。此外，美国农业部还发布了《肉、禽及蛋品监测法案》《生鲜农产品法案》《有机食品法案》，针对具体农产品追溯提出了更加细致的要求。

在标准与规范方面，美国食品药品监督管理局（FDA）发布了《建立与保持记录管理条例须知》《行业指南：产品召回，包括退市和修正》《企业指南：关于生产、加工、包装、运输、分销、接收、保存或进口食品者建立和保持记录的问答》等一系列规范准则，就法律中相关追溯条款进行细致解释。

在应用系统建设和可追溯产业生态环境建设上，一方面，美国国内许多农产品企业和行业协会自发建立了大量的企业或行业内部追溯系统；另一方面，FDA下属的美国食品技术研究所（IFT）于2013年成立"全球食品追溯中心"，该中心的目标是协调企业、政府、学界、基金会、消费者等各方力量，着力整合全球食品追溯资源，从而实现对农产品的全链追溯。

3）加拿大

加拿大在农业政策框架（APF）的指导下，于2004年开始建立由政府启动，企业推动的国家食品追溯体系。加拿大政府承诺在该体系下，将保证80%的国产食品从农产品原料到零售均可得到追溯。目前在25个食品行业和贸易协会以及加拿大政府的共同参与下，已经对食品追溯展开了实质性的研究，以EAN·UCC系统为基础制定了两个重要的标准——《食品溯源数据标准第一版》和《食品溯源良好规范》，并在这两个标准的指导下，制定了牛肉、新鲜农产品和水产品的操作指南。

4）澳大利亚

澳大利亚作为一个畜牧业大国，于 2001 年建立了国家牲畜标识计划（NLIS），即畜产品质量安全追溯系统，采用由 NLIS 认证的瘤胃标识球或耳标对牛、羊进行身份标识，由国家中央数据库对记录的信息进行统一管理，可以对动物个体从出生到屠宰的全过程实现追踪。

5）日本

日本于 2001 年建立了国产牛肉的追溯体系，2005 年底建立了粮油农产品认证制度，开发国家食品追溯数据库系统。2006 年实施了"肯定列表制度"，这些对我国农产品出口产生了深远影响。

6）韩国

韩国十分重视食品安全问题，自 2004 年开始在生产协会中试行可追溯制度，同时在牲畜、水果、蔬菜、原料食品、特殊农作物等领域开展可追溯研究。2005 年韩国政府在农产品质量控制法令中规定了全方位的农产品追溯程序，并于 2006 年开始在全国执行。

从国外的食品追溯最新动态可以看出，目前世界上的许多国家或地区都已经开始或建成了全国性的食品安全追溯系统，这些系统建设的思路对我国建设食品安全溯源系统具有重要的参考意义。

1.1.2　国内食品安全追溯现状

在我国，食品安全问题越来越受到全社会的重视，2015 年正式颁布实施新修订的《中华人民共和国食品安全法》第四十二条明确规定"国家建立食品安全全程追溯制度。食品生产经营者应当依照本法的规定，建立食品安全追溯体系，保证食品可追溯。"这是我国首次将追溯写入法律，并由此开启了我国食品安全追溯的新篇章。

我国各级政府十分重视追溯工作，早在 2001 年就已认识到建立食品安全追溯制度的必要性，特别是近几年对这项制度的重视程度不断增加。2013 年 11 月，党的十八届三中全会通过的《中共中央关于全面深化改革若干重大问题的决定》中明确指出要"建立食品原产地可追溯制度和质量标识制度"；2014 年 3 月、2015 年 3 月李克强总理作的政府工作报告中均明确提出要"建立从生产加工到流通消费的可追溯体系""建立健全消费品质量安全监管、追溯、召回制度"。国务院、商务部、原国家食品药品监督管理总局、原国家质量监督检验检疫总局（以下简称国家质检总局）、原农业部等陆续发布了《国务院办公厅关于加快推进重要产品追溯体系建设的意见》《关于推动食品药品生产经营者完善追溯体系的意见》《关于推进重要进出口产品质量信息追溯体系建设的意见》《关于加快推进农产品质量安全追溯体系建设的意见》等系列文件，地方政府也纷纷以以上文件为指导，出台了地方的重要产品追溯指导文件，如上海、甘肃等地出台的地方性法规《上海市食品安全信息追溯管理办法》《甘肃省农产品质量安全追溯管理办法（试行）》《甘肃省食品安全信息追溯管理办法》等。

2010 年以来，商务部分五批支持全国 58 个城市建设肉类蔬菜流通追溯体系，分三批支持 18 个省市建设中药材流通追溯体系，初步形成辐射全国、连接城乡的追溯网络。2016 年，商务部在前期开展的肉菜中药材和酒类追溯试点的基础上，积极推动上海、山东、宁夏、厦门四个省市开展重要产品追溯体系建设示范。原农业部开展了动物标识疫病追溯体系，农垦农产品质量追溯体系及农药、兽药和种子追溯体系建设。市场监管部门启动了进出口产品质量追溯体系建设，药监部门开展了药品电子监管体系建设，工业和信息化部门开展了婴幼儿配方乳粉和稀土产品追溯体系建设。与此同时，地方农业、商务、药监等部门也纷纷建立了地方性的政府追溯平台。第三方系统集成商和企业也加入了追溯平台建设，建立了成百上千个追溯平台。追溯一词成为高频词汇，追溯技术成为社会关注的热点。

目前，国内已经建成了多个食品安全电子追溯系统，如原国家质检总局的"国家食品（产品）安全追溯平台"、工业和信息化部的"食品质量安全信息追溯平台"、原农业部的"农产品质量安全追溯系统"、商务部的"肉类、蔬菜食品安全溯源平台"、江苏省的"江苏省食品安全电子追溯平台"、上海市的"食用农副产品质量安全信息查询系统"、北京市的"农业局食用食品（蔬菜）质量安全溯源系统"等。

1.1.3　追溯体系建设的重要意义

开展食品质量安全追溯体系建设对于提高人民健康水平、保障社会公共安全、发展战略性新兴产业、促进生态文明建设具有十分重要的意义。主要包括以下几个方面。

1）引起行业共鸣，促进产业发展

在商务部推出的肉类、蔬菜和中药材追溯体系建设的引导下，全社会各行业对追溯体系建设在提能力、保安全、促消费等方面的作用给予肯定。在相关政策的引导下，上海市连续 7 年将追溯项目建设列为为民办实事的项目，在完成肉类蔬菜流通追溯体系建设的基础上，将追溯品类扩展到水产等。在项目建设过程中，除中央财政投资外，地方市区两级财政积极配套。同时，相关企业也积极负担了大部分建设资金。原农业部会同原国家食品药品监督管理总局着力构建产地准出、市场准入的衔接机制，加快国家农产品质量安全追溯信息平台建设，逐步实现农产品的生产、收购、储藏、保鲜、运输、销售和消费全链条可追溯。原国家工商行政管理总局建立了以国家工商行政管理总局监管平台为中心，各省级工商局平台为支撑的全国统一、统分结合、功能齐全、上下联动的网络监管信息系统和平台。

2）提升监管能力，保障质量安全

追溯体系为相关部门提供了大量第一手的市场信息，成为运用信息化手段加强市场监管的重要支撑。有关部门可根据各个节点上传的信息分析数据，实时监控产品的来源流向、数量波动、价格变化等，通过正向和反向双重查询，强化监管能力，进而保障产品质量。石家庄、长沙、成都等地的相关部门利用追溯平台开展远程实时监控，全面掌握肉类和蔬菜流通状态和追溯体系运行情况，大大提高了食品安全监管效率。上海、杭州、青岛、无锡等地将追溯平台与价格监测系统、视频监控系统、检验监测信息平台等整合起来，开展大数据分析利用，实现了市场运行管理的精细化、科学化。

3）培养安全意识，促进质量提升

追溯体系建成后，企业和经营者的质量安全责任意识增强，社会责任意识增强，进货把关更加严格，产品质量安全保障能力进一步提高。例如，一些市场通过追溯系统将追溯、检验检测和电子交易相结合，主动了解经营者的交易信息，有效强化进场管理，发现异常及时处理，保障产品安全；一些大型连锁超市依托追溯体系强化渠道管理，要求供应商必须建设追溯体系才能进店销售，加强了货源质量控制。借助追溯体系建设，企业可以提升优质安全产品品牌形象，增加公司知名度和公信力。此外，消费者可以通过查询追溯码，了解产品的来源去向，实现明白消费、放心消费，倒逼生产经营者严把质量关。2014 年江西高安、2015 年福建龙岩病死猪肉事件发生后，建成追溯体系的城市第一时间进行风险排查，消除了公众疑虑。一些酒类生产企业建立追溯体系后，假冒伪劣现象明显减少，产品销售明显增加。

4）引导信息技术应用，提升现代化水平

开展追溯体系建设，将有力带动企业信息化改造，借助追溯体系打造城市食品安全示范名片，引导政府对食品相关产业发展投入。试点企业借助追溯体系建设，提升信息化管理水平，畅通供需双方的信息交流，促进产业发展方式转变，进而提升食品品质和质量安全，营造安全放心的消费环境，提升产品信誉，平抑价格，促进产业健康发展。据不完全统计，当前进行追溯体系信息化改造的试点企业超过 1 万家。上海江杨农产品批发市场、无锡朝阳集团、威海家家悦集团、绵阳高水农副产品批发市场、吉林抚松万良人参市场等，均投资数百万元甚至上千万元，对内部的仓储、交易、计量、结算系统进行信息化改造，实现了内部生产经营的智能化。

1.2 食品安全追溯与物联网技术

1999 年，美国首先提出"物联网"的概念，主要是建立在物品编码、射频识别（RFID）技术和互联网的基础上，将各种信息传感设备与互联网联结，从而形成一个庞大网络，通过各种信息传感器、射频识别技术、全球定位系统、红外感应器、激光扫描器等各种装置或技术，实时采集任何需要监控、连接、互动的物体或过程，采集其声、光、热、电、力学、化学、生物学、位置等各种需要的信息，通过各类网络接入，实现物与物、物与人的泛在连接，实现对物品和过程的智能化感知、识别和管理。

目前，随着物联网核心技术日渐成熟，能够保障信息的采集、传输、智能化处理和综合应用，为食品追溯系统建设提供有力的技术支撑。相较于传统的通过手工记录建立台账、通过肉眼识别物品、通过人工逐项校对检验的追溯模式，物联网技术可以使用信息化手段快速识别物体并准确采集、记录、传输、存储信息，极大地提高了追溯效率，减少了信息差错，使得追溯不再繁琐困难，企业也可以减少人工等投入，为在更多品种上建设追溯体系、让更多企业参与追溯体系建设创造了良好条件[2]。

从系统架构角度来看，物联网技术在追溯中的体系结构分为四层：感知层、网络层、标识服务层和应用层，如图 1.1 所示。

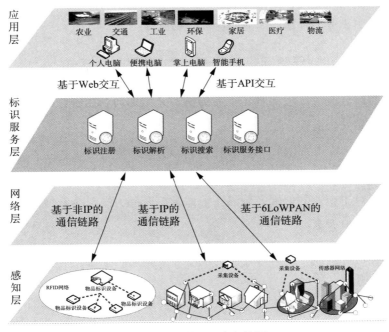

图 1.1　物联网层次架构图

感知层：主要包括 RFID 网络、物品标识设备、采集设备、传感器网络等，用于信息的感知和采集。目前国内外食品追溯在物联网感知层主要集中在条码技术和 RFID 技术两个方面，这两种技术分别有不同的应用场景和优缺点。由于移动终端的普及，条码技术中的二维码开始被应用在食品追溯方面，通过借助工业级的扫描设备和移动数据终端，即可实现在生产、仓储、流动环节的全程采集和识别。基于物联网的 RFID 技术具备远距离识别、无需借助可视化的标签、能够在极端环境下使用、内容可更新、信息量大和不容易复制等特点，使其在食品生产、加工、存储和销售环节能够进行全方位跟踪，并溯源到食品的最小单元，有效地实现了食品质量关键信息的覆盖。

网络层：提供基于非 IP、IP 和 6LoWPAN 的通信链路服务。

标识服务层：提供物联网标识和地址解析服务。

应用层：通过中间件软件实现感知硬件与应用软件之间的物理隔离和无缝连接，主要由应用层协议组成，面向不同行业提供物联网服务，如农业、交通、工业、环保、家居、医疗、物流等。

1.2.1　乳制品食品安全追溯与物联网技术

下面以乳制品（液体乳）行业为例，介绍如何利用物联网技术完成乳制品的食品安全追溯。

1）乳制品（液体乳）行业追溯需求分析

目前，乳制品（液体乳）行业典型的生产线和流通链现状如下：

（1）对于企业的低端乳制品（液体乳）产品，缺乏企业成本可接受的廉价追溯标识方案；

（2）对于企业的高端乳制品（液体乳）产品，缺乏基于 RFID 的有效安全追溯解决方案；

（3）对于企业的成品乳，在灌装之前缺乏品质自动检验手段；

（4）对于企业的成品乳，缺少全面的冷链运输环境监测方案；

（5）缺失乳制品（液体乳）原料进货验收、投料加工、成品包装、仓储配送和销售记录等各个环节之间追溯信息的传递规范。

基于上述现状，推荐的解决方案如下：

（1）为企业提供二维码、光学字符识别（OCR）追溯方案，以及高端液体乳产品的 RFID 追溯方案。

（2）完善自动检验及冷链环境监测。

（3）解决企业的物联网接入点建设的难题。

（4）完善企业间的追溯信息物联网传递方案。

（5）完善流通企业示范推广方案。

通过对乳制品（液体乳）生产加工企业的实际业务流程、现有信息系统架构和电子追溯关键控制点，明确乳制品（液体乳）生产加工企业电子追溯所需采集的关键信息。具体流程见图 1.2。

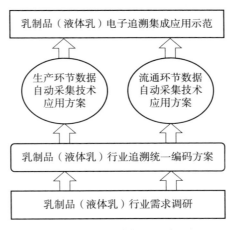

图 1.2　乳制品（液体乳）追溯流程

2）乳制品（液体乳）安全追溯标识

基于 GS1 物品编码体系以及 RFID 等先进物联网技术，结合乳制品（液体乳）安全电子追溯的特点，把乳制品（液体乳）的追溯标识技术应用在生产和流通各个环节，一方面采用一个开放的物联网地址解析体系，落实企业的主体责任，将广大乳制品（液体乳）生产加工企业的自有信息系统纳入地址解析体系中去，实现异构食品追溯物联网的大融合；另一方面，本次构建的追溯体系还需考虑与其他系统的对接和融合，构架一个既开放又受控的食品安全追溯物联网地址解析系统，既满足企业需要，又满足政府监管需求，同时强化企业的主体责任。

3）乳制品（液体乳）安全追溯生产环节数据采集技术

基于 GS1 物品编码体系以及 RFID 等先进物联网技术，对乳制品（液体乳）生产环节的信息进行自动采集。具体技术路线为：根据乳制品（液体乳）生产加工环节的实际业务流程，基于危害分析和关键控制点（HACCP）体系确定乳制品（液体乳）安全电子追溯的关键控制点和最小追溯单元，明确乳制品（液体乳）安全电子追溯所需采集的环境参数及相应参数数据的类型、精度，基于条码（二维码）的食品原材料信息自动获取、无线传感器的生产车间温/湿度自动监测、RFID 的食品位置动态感知和操作人员信息识别、紫蜂协议（ZigBee）的无线通信与传感数据汇聚等关键技术，形成乳制品（液体乳）生产加工环节的养殖场信息、原料奶质量信息、环境温/湿度、食品位置流动、加工工艺流程、操作人员和成品包装标识等信息的自动采集。

4）乳制品（液体乳）安全追溯流通环节

物流配送环节包括仓储信息采集与物流配送信息采集两个部分。

在仓储建模及个性化监控体系方面，通过与企业的对接，实地调研现有仓储环境，并对其进行分类，提出相应的仓储模型。设计环境监控方案，进行实地调研，采用传感网络，完善区域监控系统，给出适用不同仓储环境的多种监控解决方案及其实施成本，供企业进行选择。在精细化定位方面，利用条码技术与 RFID 技术，将存储货物与位置或存储设施进行关联，再通过多阅读器信号强度分析技术，实现货物的精确定位，实时掌握各种产品在仓库中的分布信息。利用以上精确定位信息，结合仓库模型与监控方案，利用系统规划法、专家咨询法的手段，建立动态的出入库策略优化体系，实现对追溯信息的准确获取，并改善系统运行状况，优化生产配置，降低产品损耗。具体实现架构如图 1.3 所示。

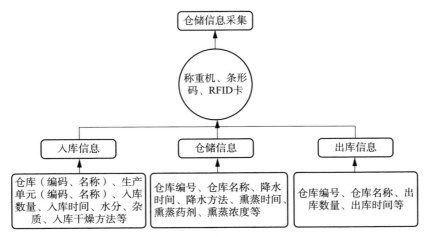

图 1.3 仓储信息采集实现架构

仓储信息采集方面主要对仓库到货检验、入库、出库、调拨、移库移位、库存盘点等各个作业环节的数据，通过称重机、条形码以及 RFID 卡进行自动化的数据采集，保证仓库管理各个环节数据输入的速度和准确性，确保企业及时准确地掌握库存的真实数据，合理保持和控制企业库存。通过科学的编码，还可对物品的批次、保质期等进行便捷地管控。利用系统的库位管理功能，可以及时掌握所有库存物资当前所在位置，有利于提高仓库管理的工作效率。

物流配送信息采集技术路线如图 1.4 所示。

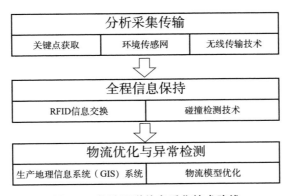

图 1.4 物流配送信息采集技术路线

将利用 RFID、无线传感器等数据采集装置和 ZigBee 等技术，实现冷藏运输车厢或保鲜库内温 / 湿度、氧气和微生物菌种等冷链运输环境数据的智能采集、传输和超限报警。研究 RFID 信息交换机制与综合管理策略，实现物流全程溯源信息的保持。此外还将综合运用全球卫星定位系统（GPS）定位追踪、路径导航、对象识别等基于位置的服务关键技术[3]，结合最新的电子地图和地理信息技术（GIS）平台，构建开放式的食品运输车辆实时定位监控可视化平台，实现冷藏车辆、搬运设施以及物流辅助设备等资源的有效跟踪与优化管理，为决策支持提供服务。

物流配送环节信息自动采集实现架构如图 1.5 所示。

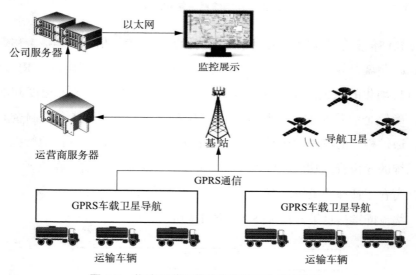

图 1.5　物流配送环节信息自动采集实现架构

车辆运输监管系统的建立以 GPS 技术为基础，综合运用车载信息通信设备、GIS 技术、无线通信技术（GSM / GPRS）、软件及互联网技术、数据库技术的 IT 基础解决方案。整个车辆运输监管系统的逻辑图如图 1.4 所示，货物运输车通过自带的通用无线分组业务（GPRS）车载卫星导航设备采集货车目前的各个参数值（当前位置、车速、车辆状态等）上传至企业总部的服务器中。车辆定位软件系统检测到数据后，对数据进行对应的处理并通过展示端显示出具体状态。整个物流定位系统的功能如下：

（1）跟踪定位：监控中心能全天候 24 h 监控所有被控车辆的实时位置、行驶方向、行驶速度，掌握最及时的车辆状况。

（2）轨迹回放：监控中心能随时回放最近一段时间内车辆的历史行程和轨迹记录。

（3）报警功能：分为超速报警和区域报警。超速报警是当运输车辆的速度超过监控中心预设速度时，及时上报监控中心。区域报警是当运输车超出或者驶入预设的区域时，车载定位系统会向监控中心给出相应的报警。

（4）车辆信息管理：方便易用的管理平台，提供了车辆里程、驾驶人员、车辆图片、运输货物种类等信息的设定，以便调度人员的工作。

5）乳制品（液体乳）安全追溯信息集成

在掌握数据自动采集、食品安全生产监管系统和电子追溯系统构建等关键技术的基础上，结合试点企业的实际业务流程和生产环境情况，实现覆盖乳制品（液体乳）进货验收、投料、包装和销售流通等环节的食品安全电子监管。由于奶牛养殖企业规模不一、数量众多，且其对原料奶质量的影响参数数据都可以在乳制品（液体乳）加工企业的原料奶验收环节自动获取，因此对奶牛养殖企业不再涉及。其技术路线如图 1.6 所示。

在进货验收环节，结合乳制品（液体乳）生产加工企业的现有原料奶装载容器和检测验收手段，从条码（二维码）、RFID、无线传感器和自动检测仪器等物联网装置中选择合适的装置，对运输的原料奶所携带的养殖场及原料奶质量等信息进行自动采集，其中养殖场基本信息包括养殖企业、养殖环境、奶牛个体等，可以通过企业注册登记、电子标签（奶牛耳标）等方式获取。原料奶质量信息可以通过自动检测仪器实现质量数据自动采集，并经过多源异构数据转换融合后，形成进货验收数据统一视图，保存到乳制品（液体乳）生产加工企业的自有信息系统数据库中，作为将来质量安全电子追溯的原始数据。

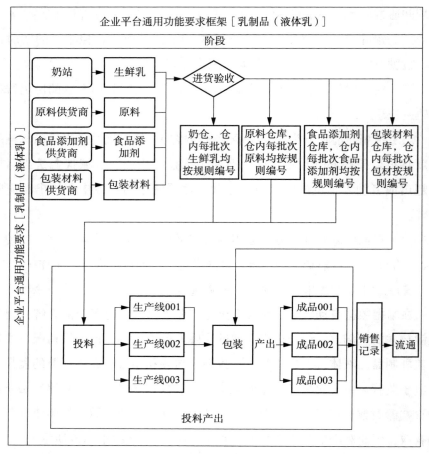

图 1.6　乳制品（液体乳）安全追溯信息技术路线

　　在投料环节，结合乳制品（液体乳）生产加工企业的具体工艺流程，利用条码（二维码）、RFID 和无线传感器等物联网装置自动采集原料奶加工车间的温／湿度、消毒记录、加工方式及操作人员等信息，经过多源异构数据转换融合后，保存到乳制品（液体乳）生产加工企业的自有信息系统数据库中。为实现上述信息的自动采集，根据前期所设计的生产加工环节数据自动采集方案，需要针对不同的待采集数据特点，先选择合适的物联网装置，并在原料奶的生产线关键控制点位置上安装部署相应的条码扫码枪、二维码扫描器、RFID 读写器和无线传感网路由器等设备，组建

ZigBee 无线传感网进行所采集数据的传输与存储。

在包装环节，首先，将乳制品（液体乳）生产加工企业的企业名称、机构代码、法人代表、通信地址、联系方式以及企业资质等信息，通过注册登记方式，记录到食品安全电子追溯平台中，并将关键信息利用 RFID 读写器写入到电子标签，附加到乳制品（液体乳）的包装材料上；其次，当乳制品（液体乳）成品到达物流仓库时，利用条码、二维码、RFID 和无线传感器等物联网装置，自动记录成品信息和入库时间，并由仓库管理信息系统自动分配存货区，仓库里的智能传感器按照一定的时间间隔读取标签信息和环境感知信息；最后，当乳制品（液体乳）成品准备出库时，利用条码、二维码、RFID 和无线传感器等物联网装置，自动记录产品批次、出库时间和运输车辆等信息。这样，仓储阶段的所有记录信息，都保存到乳制品（液体乳）生产加工企业自有信息系统的数据库中。

在销售流通环节，当乳制品（液体乳）成品处于运输过程中时，可以利用 RFID、特殊类型传感器实时监测冷链运输车的环境信息，包括车厢内温度、湿度、微生菌群等环境信息，并结合 GPS 定位技术，将相应信息采集存储到乳制品（液体乳）生产加工企业自有信息系统数据库中；当乳制品（液体乳）成品被运至销售超市中时，通过条码、二维码、RFID 和无线传感器等装置获得销售超市的企业信息、仓储和销售环境信息，传送到乳制品（液体乳）生产加工企业自有信息系统数据库，与原有液态乳产品质量信息绑定在一起，从而形成乳制品（液体乳）的完整产品信息记录。

在乳制品（液体乳）示范过程中，需要与试点企业进行沟通，选取合适生产线部署的各种 RFID 读写器、无线传感器等物联网装置，实现乳制品安全电子追溯数据的自动采集；同时，在试点企业购买硬件服务器，部署物联网追溯接入点软件，从试点企业信息系统数据库中抓取追溯数据，建立乳制品（液体乳）安全电子追溯企业端数据库，并推送到食品安全电子追溯数据平台上，为监管部门或消费者提供监督查询服务。

1.2.2　白酒食品安全追溯与物联网技术

白酒食品安全追溯技术路线图如图 1.7 所示，明确了白酒企业生产、流通过程的数据采集点以及产品召回的路线。

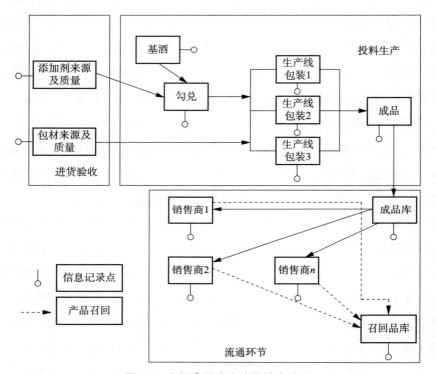

图 1.7　白酒食品安全追溯技术路线

基于技术路线图，针对白酒食品的追溯技术设计追溯平台，主要功能包括系统管理、进货查验记录、勾兑包装记录、产品销售流通记录、不合格产品处理记录、企业追溯召回模块记录等。

（1）系统管理。提供统一、规范的系统信息管理，主要包括用户管理、角色管理、菜单管理、机构管理、编码管理、相关字典库维护等。

（2）进货查验记录。可以对所进货物信息进行增加、删除、修改、查询、抽检等操作。进货检验信息主要包括：进场时间、批次号、原料信息、货主、来源地、抽检状态等。对原料的质量，尤其是危害物质量（农药、真菌毒素等），采用 GS1 及 RFID 技术及质量数据采集技术进行检测，并自动采集数据结果。将检测自动化技术进行示范应用。

（3）勾兑包装记录。采用 GS1 及 RFID 技术及质量数据采集技术，记录所使用的基酒、食用酒精、食品添加剂的质量信息。尤其记录基酒质量信息，不同的基酒对应不同档次或价格的产品。同时记录何时、何生产线生产了多少产品（此处产品指经过包装后的最小销售单元），使用何种包装材料及防伪方式、信息。同时确定了成品的规格、批号、生产日期、生产数量等信息。

（4）产品销售流通记录。在产品合格的基础上，新建或改造白酒流通系统，并能够记录产品各级销售商，实现对产品的追溯。

（5）不合格产品处理记录。企业发生进货验收检验和出厂检验不合格项时，要设置一个处理栏，记录本批次原料或成品处理情况。提供报损处理信息。

（6）企业追溯召回模块记录。企业可对批次产品进行追溯，查询流向和库存。企业可自定义召回报表，进行自主召回的发起、跟踪、结束等管理，能对接监管端发起的召回任务。

1.3　食品安全追溯与信用体系建设

2019 年 7 月，国务院办公厅发布《国务院办公厅关于加快推进社会信用体系建设构建以信用为基础的新型监管机制的指导意见》，要求"以加强信用监管为着力点，创新监管理念、监管制度和监管方式，建立健全贯穿市场主体全生命周期，衔接事前、事中、事后全监管环节的新型监管机制，不断提升监管能力和水平，进一步规范市场秩序，优化营商环境，推动高质量发展"，以及"充分运用大数据、人工智能等新一代信息技术，实现信用监管数据可比对、过程可追溯、问题可监测"。

"食品安全信用"在食品领域和信用监管领域都是一个全新的概念。顾名思义，它属于"食品安全"和"信用管理"的学科交叉，或者说是将

"信用管理"的基本思想导入食品安全监管体系中来，形成一种以食品安全信用信息为基础，以食品安全信用管理为核心的社会化的食品安全监管体系。食品安全信用不同于金融行业和商业上的信用，它的授信方是消费者，而受信方是食品生产企业。授信方给予受信方的信任不是基于付款或还款的能力和意愿的信任，而是基于对受信方保障其产品质量安全的能力和意愿的信任。同样，基于这种信任，授信方给予受信方的不是资金和原料方面的便利，而是市场。从这个角度讲，对于企业而言，食品安全信用比商业信用更为重要[4]。

"食品安全社会信用体系"应是以完善的食品安全社会信用制度为保障，以真实的食品安全信用信息为基础，以科学的食品安全信用风险分析为依据，以公正的食品安全信用服务机构为依托，以食品安全问题记录为重要参考形成的信用评估评级、信用报告、信用披露等企业外部食品安全信用管理体系[4]。张炜达梳理了食品安全信用体系建设历程，阐释了食品安全信用体系的特点、内容、目标、原则[5]。江振长从分类试点推进、搭建信息平台等方面分析了福建省食品药品安全信用体系建设问题[6]。杨宇和孙中权比较了国内外食品安全信用体系建设情况[7]。

2007年，河南省漯河市建立了食品安全信用体系，主要包括以下几个方面：行业自律体系，建立企业食品安全信用档案，开展评优活动，加强相互监督，促进严格自律；信用奖惩体系，对企业评定信用等级，实行分类监管；监督体系，督导有关监管部门和试点企业建立食品安全监管信用档案和食品安全生产经营信用档案，把企业的自然信息、信用信息、质量信息、优良信息、不良信息和各监管部门的审批信息、提示信息、警示信息、监督信息等作为信用档案的内容，并以此作为对各企业诚信建设的评价考核依据和奖惩依据；同时建立食品安全信用征集制度、食品安全信用评价制度、食品安全信用披露制度和食品安全信用管理制度。

食品安全追溯与信用体系有天然的联系，两者相辅相成。通过区块链及物联网标识及地址解析技术，追溯链和信用链可以有机融合，互联互通。在追溯链条中记录信用信息，在信用链条中引入追溯信息，相互验证，上下贯通，使得信用主体和追溯目标有机统一，强化政府监管，倒逼企业主体责任，提升产品质量，提振消费信心。

1.4　食品安全追溯存在的问题与挑战

《中共中央、国务院关于深化改革加强食品安全工作的意见》（以下简称《意见》）中指出，"我国食品安全工作仍面临不少困难和挑战，形势依然复杂严峻。微生物和重金属污染、农药兽药残留超标、添加剂使用不规范、制假售假等问题时有发生，环境污染对食品安全的影响逐渐显现；违法成本低，维权成本高，法制不够健全，一些生产经营者唯利是图、主体责任意识不强；新业态、新资源潜在风险增多，国际贸易带来的食品安全问题加深；食品安全标准与最严谨标准要求尚有一定差距，风险监测评估预警等基础工作薄弱，基层监管力量和技术手段跟不上；一些地方对食品安全重视不够，责任落实不到位，安全与发展的矛盾仍然突出。"对此，《意见》要求"必须深化改革创新，用最严谨的标准、最严格的监管、最严厉的处罚、最严肃的问责，进一步加强食品安全工作，确保人民群众'舌尖上的安全'"。

面对新的形势和机遇，必须清醒地认识到当前食品安全追溯体系建设还存在严峻挑战和亟待解决的问题。主要体现在以下五个方面。

1）全过程追溯目标与产品分段管理的矛盾

现代信息技术为食品从"田间"到"餐桌"、从"原料"到"使用"全过程追溯提供了便利，可以高效地形成完整的追溯信息链条，使信息一查到底、一目了然，既可以提升监管效率，又可以让消费者明白消费，增强信心。但体制机制问题已经成为制约食品安全追溯体系建设的重要因素。由于食品品类众多，不同产品供应链模式各有不同，环节流程各异，我国的管理体制仍是以分段管理为主、品种管理为辅，涉及多个部门，各部门之间或职能相互重叠，或缺乏相互衔接，或法规相互错位，是一种政出多门、效率较低的管理体制。例如，田间地头的农产品以农业部门管理为主，农产品和食品的生产加工企业由工业和信息化部门承担行业管理职责，流通环节由商务部门主管，餐饮消费环节由食品药品监管部门主管，检验检测由市场监管部门主管，各环节信息打通形成完整链条需涉及不同的主管部门。当今时代虽提供了全链条便利追溯的技术，但分段归口管理的模式滞后于技术创新需要，形成了一定的体制机制障碍，因此亟需加大部门协调共治力度。为此，迫切需要梳理不同产品追溯的业务流程，以政府引导、市场主导的原则，着力构建以企业为主体、市场为导向的创新追溯管理机制体制。

2）互联互通趋势与技术标准各自为政的矛盾

近年来，我国相关部门、行业协会以及企业相继建立众多追溯系统，如商务部建立"肉类蔬菜流通追溯平台"、工业和信息化部建立"食品工业企业质量安全追溯平台"、农业农村部建立"农垦农产品质量追溯平台"和"国家农产品质量安全追溯信息平台"等，地方政府建立地方追溯平台等，多头管理导致国内追溯各自为政，缺乏统一的管理和规划，重复建设严重。此外，这些平台在追溯编码、追溯精度、追溯模式等各方面具有较大差异，有的平台侧重于责任主体的监管，有的侧重于产品的追溯监管，有的侧重于企业生产管理的监管，有的追溯到产品批次，有的追溯到单品。企业面对各级政府部门不同的监管需求，在无法互联互通的不同的追溯平台上填报不同的追溯信息，导致无所适从。同时存在追溯数据量少、数据质量差、数据关联性弱等问题。

产生这些问题的主要原因是我国生产、流通过程复杂，标准化程度低（特别对于农产品行业），产品品类多，经营主体规模小，技术水平低，产业化、标准化程度低，难以进行标准化作业和管理，分散的主体和经营给采集全面完整真实的追溯数据带来了巨大挑战，增加了追溯体系建设的成本和难度；另外，有关追溯数据的法律法规尚不完善，可追溯数据的录入主要凭借企业的自觉自律，数据质量难以保证。

因此，应充分发挥物联网时代食品安全追溯体系的效力，客观上要求不同环节、不同产品、不同地区的追溯数据互联互通，鼓励引导企业和第三方参与，形成环节数据纵向贯通、产品数据横向链接、地区数据有效联通、企业和第三方数据兼容相通的立体追溯数据网络，实现信息互通共享的大追溯体系。数据联通的重要前提是标准一致相容，目前追溯体系建设由商务部门、农业部门、工业和信息化部门、食品药品监管部门、市场监管部门等分别自发建设，缺乏协调，导致不同部门追溯数据采用的编码规则、传输格式、接口规范等标准不同，很多标识不能互认，上下游产业链之间的信息难以共享。在追溯数据互联互通的大趋势下，须加强技术标准的统筹规划和沟通协调，推动不同来源的追溯数据互联互通。需要科学规划、制定追溯标准体系，加强追溯标准规范制定，指导追溯系统的建设。

3）追溯公益性与企业利润最大化取向的矛盾

追溯体系建设运行具有提高产品安全保障水平、维护消费者切身利益等功能，社会公益性很强。建设之初一般采用行政主导加政府投资或补贴的形式推进，生产、流通、消费等环节的企业主体被动参与。尽管初期的硬件更新等一般不需要自行投资，但企业仍要投入一定的时间、人力和财力。例如，追溯体系建设过程中要配合安装调试，建成运行后要坚持使用相关设备；有些大的企业要将追溯体系与现有管理信息系统结合，有的还要对业务流程、组织架构进行改造优化等；财政补贴逐步减少或结束后，追溯体系建设运行的成本将由企业负担，而由于追溯信息采集繁复、运维成本高、追溯效益短期不明显等，导致企业建设追溯系统积极性不高，已建成的系统应用率也不高，运行难以持久；企业建设运行追溯体系的公益性与利润最大化取向之间的矛盾或更加突出。面对以上问题，迫切需要在追溯体系中引入有效运作的商业模式，将以政府为主导转为以市场为主导，寻求追溯系统建设带来的商业价值，带动产业链伙伴的协调持续发展，凝聚更多力量参与追溯系统建设。

4）追溯体系建设较慢与品类扩展需求的矛盾

我国各地由于经济水平不均衡等原因，出现了追溯体系建设进展不同、区别较大等现象。各地政府根据自身实际需求出台了一系列地方标准，但是这些标准质量往往参差不齐，一些监管部门尤其是基层单位，存在人员不足、装备滞后、一线执法快速检测能力较低等问题。同时，食品质量安全事件应急处置中信息报送、发布不畅，部门间、区域间协调联动不够，应急队伍装备落后，快速反应能力有待进一步提高。因此，迫切需要探索适应各种不同类型、不同供应链结构的追溯模式，发挥供应链中核心节点的带动作用，提高追溯效率、降低追溯成本，顺应物联网的快速发展及消费者消费习惯的变化，建立统一的、覆盖多种品类的食品安全追溯平台。

5）消费者的认知度、认可度较低与信息不对称的矛盾

王淑曼通过研究认为食品可追溯系统所提供的有关食品的详细信息能帮助消费者进行正确的行为决策。如果食品可追溯系统所提供的信息是高质量且值得信赖的，消费者感知到的信息不对称现象也会减少。因此，为保证食品可追溯系统的成功运行，需要将与食品相关的所有信息进行真实准确的记录，在可追溯体系中及时提供真实的食品信息，特别是有关可追溯食品安全性和能够帮助消费者进行产品诊断的重要信息。通过这种及时准确的信息来保证产品信息的一致性，减少买卖双方因信息不对称而带来的问题，由此增强消费者的购买意愿[8]。

此外，部分学者认为，目前市场上只有少数食品是可追溯的，即使能得到消费者的信任，但标价却令多数家庭望而却步。我国食品追溯制度公众参与度低，人们甚至不知道食品追溯体系的功能和价值，对食品安全的质疑有增无减，当前食品追溯制度未能发挥其优势，消费者长期的疑虑仍然存在，从而影响我国公民的幸福指数[9]。有些学者主张参与追溯体系的各个角色应有各自的定位，例如政府的角色应该是建制度，而不是建系统；企业决定着信息记录的完备程度和信息的可传递程度，因此应强化企业是追溯责任主体的观念；行业协会作为第三方组织，应成为政府与企业的桥梁，辅助制度落实；消费者在追溯制度构建中也占有很重要的地位，要注重对消费者力量的挖掘和引导，让消费者成为追溯制度的推动者和监督者[10]。

面对这些困难和挑战，建议从以下几点予以考虑：

（1）突破全程和深度食品追溯关键技术。突破移动互联网、大数据、云计算、物联网等新一代技术在食品追溯中的应用瓶颈，将追溯等级提升到对种植、养殖、生产、加工、物流、批发、零售等关键环节的全程深度追溯，重视区块链等技术在追溯数据交换中的作用。

（2）完善追溯体制和制度标准体系。完善我国食品追溯的立法工作，完善和创新食品追溯体制和机制。积极引用国际现有成熟标准规范，吸纳发达国家先进经验和规章制度，完善适用于我国特色的食品追溯标准规范，确立基于追溯平台的产地准出与市场准入衔接机制，完善食品质量安全问题的应对机制。

（3）营造可持续商业运行的食品追溯生态圈。创新食品质量和安全追溯体系建设、运营和服务机制，形成开放、共享的农产品追溯信息大数据平台，实现对食品生产、经营、消费的精细化管理与服务，形成可持续运行的食品追溯生态圈。

总体来说，随着"互联网+"时代的到来以及大数据、云计算、边缘计算、区块链等先进技术的日益发展，实现对食品质量安全的有效追溯在不久的将来会有明显的改善。

第2章　可追溯一致性评价的方法与挑战

2.1　我国食品安全追溯标准体系研究

食品安全追溯标准体系建设是管理和控制食品安全的重要手段之一，在我国越来越受到关注和重视。在此背景下，按照国家法律法规的要求，对开展各省级食品安全追溯系统的建设，并建立与之配套的地方标准体系将有重大意义，这将对全国的食品安全追溯系统的建设起到推动和支撑作用。

食品安全追溯标准化是基于现阶段我国食品安全发展现状、主要特点和主要任务而提出的一种发展思路。2007年—2017年，中央一号文件均重视食品安全追溯工作，2017年将食品安全标准化工作放在更加突出的位置。此外，标准化也是食品行业现代化的重要推手。通过食品安全追溯工作的标准化，能够进一步推进我国食品行业发展的规范化、现代化以及与国际接轨的进程。

我国食品安全追溯标准化以规范性文件为依据，主要包括财政部和相关部委文件，以及地方政府、地方财政部门、农业委员会和相关机构在内的地方层面发布的文件等。食品安全追溯标准文件指法律法规范畴以外的由政府部门或其他团体组织制定的非立法性文件，包括国家标准、行业标准、地方标准、企业标准等。食品安全电子追溯标准化工作就是以符合法律法规、政策文件为前提，进一步细化工作和管理要求，针对标准缺失的领域，编制形成共同使用和重复使用的标准类文件，使其与已有的法律法规、政策文件和标准内容协调一致，最终构成整体的食品安全电子追溯标准体系。

构建我国食品安全电子追溯标准体系，作为指导食品安全追溯工作顶层设计，既使食品安全电子追溯工作的规范性得以固化，又对加强我国食品安全监管工作具有重要意义。从食品安全电子追溯最需要、最直接的工作内容着手，以保障民生作为标准体系构建的根本出发点和落脚点，建立食品安全电子追溯标准体系表，为追溯工作提供决策依据，推动食品安全电子追溯标准化，从而不断提升食品安全电子追溯水平和质量，满足民众需求，为相关省、市、区的食品安全工作提供标准化技术支撑。

从发展和实际出发，充分遵照《中华人民共和国标准化法》等相关法律法规，严格建立起既遵循国家法律法规的相关要求，又满足现实食品安全电子追溯发展需要的标准体系。列入标准明细表内的每一项标准都被安排在恰当的层次上。从一定范围内的若干个标准中，提取共性特征制定成共性标准，并将此共性标准安排在标准体系内的被提取的若干个标准之上，构成一个层次。不能将同一标准同时列入两个以上子体系内，以避免同一标准由两个以上部门重复制修订。

标准体系是个集合体，其中的子标准具有各自的特性，但所表述的内容又相互交叉、相互关联、相互依存，除已有的国家标准和行业标准外，还应围绕食品安全电子追溯工作核心内容，集中力量制修订一批精品标准，以引导资源合理配置，并逐步将标准覆盖范围扩展至食品安全电子追溯的所有主要领域，从而推动我国食品安全电子追溯标准化工作的整体提升。

整个体系内的标准应包括现有的和将要制定的标准。对将要制定的标准应大致确定相应内容，找出各类标准乃至各项标准之间相互连接、相互制约的内在联系，在充分考虑体系完整性的基础上进行统一、简化、协调，使之符合实际，并随着科学技术和生产的发展，逐步修订，使之日趋完善。未来工作中，各地可根据其经济社会发展水平，选取标准明细表中的相应标准予以研制，以满足制度创新和政策调整，从而逐步促进食品安全电子追溯的发展。

我国在农产品、肉菜、食品等重要产品溯源标准化方面已展开积极探索。国家标准层面，制定了 GB/T 22005—2009《饲料和食品链的可追溯性　体系设计与实施的通用原则和基本要求》、GB/T 28843—2012《食品冷链物流追溯管理要求》两项国家标准；行业标准层面，原农业部、商务部、原国家食品药品监督管理总局分别制定了 NY/T 1431—2007《农产品追溯编码导则》、SB/T 10680—2012《肉类蔬菜流通追溯体系编码规则》、CFDAB/T 0302—2014《食品药品监管信息分类与编码规范》等多项行业标准；地方标准层面，北京、山东、江苏等地制定了 DB11/Z 524—2008《奥运会食品安全　数据元目录规范》、DB15/T 641—2013《食品安全追溯体系设计与实施通用规范》等多项地方标准。无论国家、行业内还是地方，都十分重视食品安全追溯标准化工作，在标准研制方面已经进行了探索性研究并取得了一定成果。

通过梳理，目前我国相关的追溯标准主要在食用农产品方面，针对食品追溯方面的标准很少。一方面，应加快完善食品安全电子追溯标准体系建设，主要包括：（1）构建食品安全电子追溯标准体系框架。形成内容覆盖全面，时效性强，体现食品追溯特色的标准体系。（2）梳理并及时更新标准明细表。及时更新标准明细表中的国家标准、行业标准，以保证明细表中标准的时效性。（3）加快相关标准制修订。开展标准化需求分析，制定标准制修订计划，组织制修订标准。另一方面，对于某些重要的标准，应将标准与法律法规相结合，赋予这类标准强制性，加强标准的执行力，便于标准的实施。

在标准体系梳理方面，2016 年—2018 年，由原国家食品药品监督管理总局信息中心牵头，联合了 25 家单位申报并完成了国家科技支撑计划"食品安全电子溯源技术研究与示范"项目的研制工作。在该项目中，项目组启动了国家重点食品质量安全追溯标准体系的建设。该标准体系共梳理了 69 项食品安全追溯相关的国家标准、行业标准、地方标准以及部委的技术规范。标准体系共分为两个层次，第一层次分为通用基础标准、数据标准、技术标准、应用标准和管理标准；第二层次则从追溯图形符号标志、追溯数据元、追溯记录信息、数据编码、数据采集、工作规范和评价与改进等多个方面对追溯标准进行了进一步的梳理和细化，如表 2.1 所示。

表 2.1　食品安全电子追溯标准明细表

类别		序号	体系编号	标准号或任务号	标准名称	宜定级别	备注
101 通用基础标准	101-1 一般要求	1	SPSY-101-1-01	GB/T 1.1—2020	标准化工作导则　第1部分：标准的结构和起草规则	国家标准	现行
		2	SPSY-101-1-02	GB/T 13016—2018	标准体系构建原则和要求	国家标准	现行
		3	SPSY-101-1-03	GB/T 20000.3—2014	标准化工作指南　第3部分：引用文件	国家标准	现行
	101-2 术语和缩略语	4	SPSY-101-2-01	GB/T 12905—2019	条码术语	国家标准	现行
		5	SPSY-101-2-02	GB/T 20000.1—2014	标准化工作指南　第1部分：标准化和相关活动的通用术语	国家标准	现行
		6	SPSY-101-2-03	GB/T 29261.3—2012	信息技术　自动识别和数据采集技术　词汇第3部分：射频识别	国家标准	现行
	101-3 图形符号标志	7	SPSY-101-3-01	GB 7718—2011	食品安全国家标准　预包装食品标签通则	国家标准	现行
	101-4 信息安全	8	SPSY-101-4-01	GB/T 20269—2006	信息安全技术　信息系统安全管理要求	国家标准	现行
		9	SPSY-101-4-02	CFDAB/T 0402—2014	食品药品监管应用支撑平台通用技术规范	行业标准	现行
		10	SPSY-101-4-03	CFDAB/T 0701—2014	食品药品监管软件开发过程规范	行业标准	现行

表 2.1（续）

类别		序号	体系编号	标准号或任务号	标准名称	宜定级别	备注
201 数据标准	201-1 追溯数据元	11	SPSY-201-1-01	CFDAB/T 0304—2014	食品药品监管信息数据集元数据规范	行业标准	现行
		12	SPSY-201-1-02	B01-2	食品安全电子溯源标识信息数据结构规范	国家标准	待制定
		13		B01-9	食品安全电子溯源信息数据结构规范		
	201-2 追溯记录信息	14	SPSY-201-2-01	GB/T 29568—2013	农产品追溯要求　水产品	国家标准	现行
		15	SPSY-201-2-02	20071413-T-469	食品安全追溯信息规范	国家标准	报批
		16	SPSY-201-2-05	B06-1	婴幼儿配方食品电子追溯数据规范	国家标准	待制定
		17	SPSY-201-2-06	B06-2	食用油电子追溯数据规范	国家标准	待制定
202 技术标准	202-1 数据编码	18	SPSY-202-1-01	GB 12904—2008	商品条码　零售商品编码与条码表示	国家标准	现行
		19	SPSY-202-1-07	20071412-T-469	食品安全追溯编码规范	国家标准	报批
	202-2 数据采集	20	SPSY-202-1-02	GB/T 14258—2003	信息技术　自动识别与数据采集技术　条码符号印制质量的检验	国家标准	现行
		21	SPSY-202-1-03	GB/T 18348—2022	商品条码　条码符号印制质量的检验	国家标准	现行

表 2.1（续）

类别		序号	体系编号	标准号或任务号	标准名称	宜定级别	备注
202 技术标准	202-2 数据采集	22	SPSY-202-1-04	GB/T 26821—2011	物流管理信息系统功能与设计要求	国家标准	现行
		23	SPSY-202-1-29	GB/T 15768—1995	电容式湿敏元件与湿度传感器总规范	国家标准	现行
		24	SPSY-202-1-06	GB/T 18901.1—2002	光纤传感器 第1部分：总规范	国家标准	现行
		25	SPSY-202-1-08	SB/T 10768—2012	基于射频识别的瓶装酒追溯与防伪标签技术要求	行业标准	现行
		26	SPSY-202-1-09	SB/T 10770—2012	基于射频识别的瓶装酒追溯与防伪读写器技术要求	行业标准	现行
		27	SPSY-202-1-10	SB/T 10771—2012	基于射频识别的瓶装酒追溯与防伪应用数据编码	行业标准	现行
		28	SPSY-202-1-11	B02-2	食品安全电子溯源标识标签载体规范	国家标准	待制定
		29	SPSY-201-2-03	B02-4	食品安全电子溯源生产数据采集规范	国家标准	待制定
		30	SPSY-201-2-04	B02-5	食品安全电子溯源流通数据采集规范	国家标准	待制定
	202-3 数据交换	31	SPSY-202-2-01	CFDAB/T 0401—2014	食品药品监管数据共享与交换接口规范	行业标准	现行
		32	SPSY-202-2-02	B01-2	食品安全电子溯源物联网信息数据库服务（iotIS）接口规范	国家标准	待制定

表 2.1（续）

类别		序号	体系编号	标准号或任务号	标准名称	宜定级别	备注
202 技术标准	202-3 数据交换	33	SPSY-202-2-04	B01-3	食品安全电子溯源解析服务（iotNS）接口规范	国家标准	待制定
		34	SPSY-202-2-03	B01-4	食品安全电子溯源企业中间件接口开发指南	国家标准	待制定
		35	SPSY-202-2-05	B02-1	食品安全电子溯源物联网信息目录服务（iotDS）接口规范	国家标准	待制定
		36	SPSY-202-2-06	B02-3	食品安全电子溯源共享交换技术规范	国家标准	待制定
203 应用标准	203-1 企业	37	SPSY-203-1-02	SB/T 11060—2013	基于二维条码的瓶装酒追溯与防伪应用规范	行业标准	现行
		38	SPSY-203-1-03	B05-3	食品安全电子溯源企业应用规范	国家标准	待制定
		39	SPSY-203-1-04	B06-3	水产品电子溯源技术规范	国家标准	待制定
	203-2 公众	40	SPSY-203-2-01	SB/T 10769—2012	基于射频识别的瓶装酒追溯与防伪查询服务流程	行业标准	现行
		41	SPSY-203-2-02	B05-1	食品安全电子溯源系统公众查询信息内容规范	国家标准	待制定
204 管理标准	204-1 工作规范	42	SPSY-101-1-04	GB/T 22005—2009	饲料和食品链的可追溯性 体系设计与实施的通用原则和基本要求	国家标准	现行

表 2.1（续）

类别		序号	体系编号	标准号或任务号	标准名称	宜定级别	备注
204 管理标准	204-1 工作规范	43	SPSY-203-1-01	GB/Z 25008—2010	饲料和食品链的可追溯性 体系设计与实施指南	国家标准	现行
		44	SPSY-204-1-02	B01-4	重点食品安全电子溯源管理通则	国家标准	待制定
		45	SPSY-204-1-03	B01-5	食品安全电子溯源省级平台业务规范	国家标准	待制定
		46	SPSY-204-1-04	B01-6	食品安全电子溯源企业级平台建设规范	国家标准	待制定
	204-2 评价与改进	47	SPSY-204-2-01	GB/T 22003—2017	合格评定 食品安全管理体系 审核与认证机构要求	国家标准	现行

　　江苏省质量和标准化研究院申请了 2016 年第一批共 7 项食品安全追溯相关的地方标准（如表 2.2 所示）。该次起草的 7 项食品追溯地方标准，是在追溯领域长期以来的工作总结和工作成果的结晶。江苏省质量和标准化研究院先后承担了 2014 年江苏省政府十大重点工程，先后推动 900 余家企业加入追溯体系；承担了发改委项目，建设了追溯工程展示中心，培训了多家企业；承担了国家科技支撑计划，在该项目中负责课题一和课题五；负责国家标准体系的研制，负责江苏省物联网地址解析子节点建设，并以洋河、今世缘、伊利、卫岗、雨润等企业为核心建设了追溯示范网络。在长期以来的项目研究中发现，我国目前的食品安全追溯网主要是采用数据集中方式建设，同时商务部、市场监管总局、农业农村部、国家发展改革委等多部委分头建设了各自的食品安全追溯网络，食品追溯数据量大，系统运行负荷重，企业负担重，海量数据还造成了监管难、数据质量

差等问题，目前我国追溯体系并存的有 GS1、OID、Handle 码等多种编码方案，相互之间不兼容，数据互通困难。针对上述问题，在国家级科研项目中，以江苏省质量和标准化研究院、复旦大学无锡研究院、中国互联网络信息中心（CNNIC）组成的项目科研团队充分研究先进的 GS1 解析体系，充分考虑与国际国内标准接轨，结合我国国情和江苏省的实际情况，创新提出建设江苏省自己的地址解析体系，该追溯体系采用数据分散存储的方式建设，兼容多种编码，采用 EPCIS 国际主流的物联网信息共享协议。该追溯体系由企业直接向消费者提供追溯查询服务，有助于落实企业主体责任，对食品安全监管形成有效支撑。

表 2.2　江苏省 2016 年第一批食品安全电子追溯地方标准清单

2016 年立项任务号	标准中文名称	英文名称	标准分类
B45	食品安全电子追溯生产企业数据上报接口规范	Interface specifications of production enterprise data reporting for food safety electronic traceability	技术标准
B46	食品安全电子追溯公众查询信息内容规范	Specifications of public query information content for food safety electronic traceability	技术标准
B47	食品安全电子追溯编码及表示	Coding and Identification for food safety electronic traceability	基础标准
B83	食品安全电子追溯数据交换接口规范	Interface specifications of data exchange for food safety electronic traceability	技术标准
B84	食品安全电子追溯标识解析服务数据接口规范	Interface specifications of identification resolution service for food safety electronic traceability	技术标准
B85	食品安全电子追溯数据目录服务数据接口规范	Interface specifications of data catalog service for food safety electronic traceability	技术标准

表 2.2（续）

2016 年立项任务号	标准中文名称	英文名称	标准分类
B86	食品安全电子追溯信息查询服务数据接口规范	Interface specifications of information query service for food safety electronic traceability	技术标准

2.2 国内外可追溯一致性评价开展情况

自 20 世纪 90 年代以来，英国疯牛病、比利时二噁英、苏格兰大肠杆菌污染等一系列食品安全事件，直接推动了食品追溯系统的建立和发展。基于食品供应链建立的食品追溯系统[11]，通过记录食品在生产、加工、运输、贮藏、分销等环节的信息，为政府、企业以及消费者提供信息支撑，一旦出现食品安全问题，便能够快速找到问题关键并召回问题产品，减少不安全食品的危害。因此，食品追溯系统作为加强食品安全信息传递、降低食品安全风险的手段，已被世界各国普遍采纳和推广，并且在很多国家已经通过立法的形式确立下来。食品追溯系统近几年在我国发展迅速，由政府主导开发并建立了一批食品追溯系统，例如农业农村部和商务部在北京、山东、陕西、广东、福建等省、市开展了农产品质量安全可追溯系统建设试点[12]，在项目规划、硬软件设施建设、标准制定等方面取得了一定的成效。

理论上讲，食品追溯的过程主要是根据供应链相关方的信息记录，沿着供应链逆向追踪，快速、准确地找出问题源头。然而在实际情况中，特别是当发生紧急食品安全事故的情况下，追溯工作是否能够有效地发挥其功能，这对追溯系统实施效力的评价是非常有必要的。由于世界各国建立食品追溯系统的历史均较短，学术界对于追溯问题的研究，目前主要集中在追溯系统如何建立上，对评价可追溯系统的实施效果方面研究不多。美国食品药品监督管理局（FDA）于 2012 年底公布了一项关于如何提高食品供应链中追溯能力的项目报告，在这份长达 226 页的报告中，通过对试点食品的模拟追溯，详细评价了追溯系统的效力。美国学者戈兰（Golan）

对可追溯体系设定了宽度、深度、精确度三个衡量标准，认为企业实施追溯系统所产生的成本和收益的平衡性决定了追溯系统的实施效果。

而国外主流的可追溯性评价方法，则是采用基于 GS1 标识体系的产品认证追溯体系，GS1 开发了专门针对食品安全可追溯性的全球性认证——"GS1 全球可追溯一致性认证规划"业务。GS1 提供的可追溯性差距分析工具可以为任何生产商品或提供服务的组织服务，规定了这些组织如果要实现追溯必须满足的特定条件、法规和运营目标。人们可以通过这个强有力的工具对一个现有的可追溯系统进行测试，并确保所需数据和信息被正确记录并反映在从生产点到顾客的整个供应链上。GS1 全球可追溯性关键控制点和符合性标准是为了使 GS1 全球标准的可追溯性系统可以持续改进。这个基于过程的工具有助于在质量管理中建立强制性可追溯性的要求，并为根据全球标准和其他关键可追溯性法规的系统提供了一个基准。可追溯性系统应在基于行业需求的演变，遵循国际法规和全球标准推广的基础上，得到更好地推广和实践。整个追溯系统的复杂性取决于在供应链中的位置（如生产商、制造商、分销商、零售商等），不同的位置有不同的产品特性和业务需求目标。GS1 全球可追溯性关键控制点和符合性应用标准是设计可追溯性系统框架的基础。

在国内学术界，王蕾[13] 等从经济学的角度，运用结构—行为—绩效（SCP）的范式提出了评价农产品质量安全可追溯系统有效性的概念框架，但未建立具体的评价指标体系。赵智晶[14] 等使用基于熵权的模糊综合评价方法，建立了食用农产品企业内部可追溯制度绩效评价指标体系，其主要适用于企业内部链条式追溯系统。中国人民大学农业与农村发展学院的李佳洁[15] 则以模糊层次分析法（FAHP 法）为理论基础，构建适用于评价我国共享式食品可追溯系统实施效力的指标体系，对体系中各指标进行权重赋值，并利用评价体系进行实例验证。

在市场监督管理系统内，国内标准化同行近年来也纷纷启动了追溯实施效力评价的相关工作。2014 年，深圳启动了以风险交流、检测体系和信息化建设为重点内容的食品药品安全重大民生工程，计划用 5 年的时间将深圳市打造成为全国标准最严、食品安全保障水平最高的"食品安全特区"，达到国际先进水平。深圳市标准技术研究院在 2017 年就启动了基于风险评价管理和可追溯认证的深圳食品安全追溯项目。该项目基于风险评价，为企业提供预警服务。该项目小组参照 SZDB/Z 164—2016《基于追溯体系的预包装食品风险评价及供应商信用评价规范》，建立了信息化的评价模型，根据系统内产品信息、企业证照等数据情况、结合食品监督抽查数据结果，根据模型自动计算出系统内每个预包装食品的风险评价结果。同时，还自动计算出供应商的信用评价结果。在系统中，可显示深圳市大部分流通食品的风险得分和食品供应商的得分。一方面为深圳市零售商超提供食品风险预警；另一方面将信用有失的食品供应商拒之门外。该项目还实施了可追溯认证方面的研究，鼓励和保护企业参与追溯的积极性。食品安全追溯体系建设的主体在企业，只有企业建立的对于自身生产经营有促进作用的追溯系统才能提供真实的数据。专门的可追溯体系认证是一种好的评价和检验企业是否建立了有效的内部追溯体系的手段。在产品上加贴可追溯认证标识，也便于消费者辨认和识别，保障消费者享有知情权。现在国内还没有专门的可追溯体系认证，关于可追溯的要求，在 ISO 22000 食品安全管理体系认证和 HACCP 认证中都有。深圳制定食品可追溯体系建立的相关标准，探索建立追溯管理体系专门认证制度。以生产企业、经营企业为主，建立食品追溯管理企业试点，实施可追溯认证，鼓励企业积极参与追溯。

近年来，浙江省也积极开展了基于 GS1 的追溯认证体系研究和试点项目。由中国物品编码中心浙江分中心承担的中国物品编码中心项目 "GS1 追溯认证体系研究与试点" 已顺利完成验收。该项目按照食品安全要求及监管要求，制定了 "食品安全追溯认证地方管理规定（草案）" 和 "追溯认证工作流程（草案）"，提出了追溯认证工作中的具体评分标准，设计了 "山茶油 GS1 追溯认证申请表"、地方食品追溯认证标志，开发了 "山茶油追溯与预警平台"，并按照 GS1 追溯的规则开展对企业的 GS1 追溯认证试点。

近年来，山东省在追溯认证方面也做了大量的工作。例如在山东省食品安全追溯平台上开展了对参与追溯的企业的打分和评价，依据平台上数据的完整性、数据的一致性和数据的连续性对企业追溯系统的运行状况进行动态评级。

由以上分析可以看出，目前国内外关于追溯实施效力评价方面已经有了一些可供借鉴的样本，这项工作目前在国内还处于起步阶段，对食品追溯系统实施效力评价的指标体系、评价方法进行研究，对推动食品安全追溯体系的长期建设和稳定运行有积极的作用和重要的意义。

2.3 食品供应链可追溯评价主流方法研究

目前，可以借鉴的食品追溯系统实施效力评价的指标体系一共有两种：

1）基于 GS1 的食品可追溯一致性准则技术规范 SZDB/Z 217—2016《食品可追溯控制点及一致性准则》里面所设计的关键控制点以及一致性评价方法的指标体系

该指标体系充分参考了 GB/T 22000—2006《食品安全管理体系 食品链中各类组织的要求》、GB/T 22005—2009《饲料和食品链的可追溯性 体系设计与实施的通用原则和基本要求》、GB/Z 25008—2010《饲料和食品链的可追溯性 体系设计与实施指南》、ISO 9001：2015《质量管理体系 要求》、ISO 22000：2018《食品安全管理体系 食品链中各类组织的要求》、ISO 22005：2007《饲料和食品链中的可追溯性 系统设计和执行的一般原则和基本要求》等食品安全追溯的相关标准，设计了关键控制点列表。

GS1 的关键控制点列表共包含 73 个控制点，并分为以下 4 个级别：

（1）强制：共有 25 个"强制"控制点，这些控制点是企业在运营过程中体现食品可追溯一致性必不可少的重要环节，必须符合，不能标为"不适用"。

（2）有条件强制：共有 22 个"有条件强制"控制点，这些控制点也是企业在运营过程中体现食品可追溯一致性必不可少的重要环节，在特定环境下，根据每个企业实际情况，这些控制点可以标为"不适用"。

（3）可选：共有 12 个"可选"控制点，这些控制点是企业在运营过程中体现食品可追溯一致性的重要环节。

（4）推荐：共有 14 个"推荐"控制点，这些控制点是其他标准、生产质量管理规范或国际追溯指南中提出的可追溯要求。

针对每个控制点的一致性审核，满足一致性要求的控制点标为"符合（是）"；不满足一致性要求的控制点标为"不符合（否）"。

表 2.3 给出了控制点的组成部分、每一部分的对应控制点序号及说明。

表 2.3　GS1 食品可追溯一致性关键控制点结构

组成	对应控制点序号	说明
1. 目标	1.1~1.4	追溯系统指南与文件说明
2. 产品定义	2.1~2.5	在主数据系统中，对所有收到的、生产的和配送的贸易项目进行说明
3. 供应链布局	3.1~3.3	在主数据系统中确认内部和外部追溯方
	3.4~3.8	在主数据系统中确认位置
4. 程序建立	4.1~4.5	建立记录所有收到的、生产和配送的贸易项目和半成品的生产批次号和（或）序列号的程序
	4.6~4.7	建立贸易伙伴间的关键主数据的程序
	4.8~4.10	建立程序，用于收集、记录、分享和交流贸易伙伴本身或之间的内部追溯信息
5. 物流	5.1~5.10	对所有收到的、生产的和配送的贸易单元包装进行物理标识： a）全球贸易项目代码（GTIN）； b）产品批次号（单品、包装箱、托盘）； c）唯一的序列号（仅针对物流托盘级别）； d）货运标识代码（仅针对货运单元）。 5.5、5.8、5.9 为强制项
	5.11~5.12	生产流程和追溯流程文件

表 2.3（续）

组成	对应控制点序号	说明
6. 信息要求	6.1~6.8	对所有贸易伙伴生产的、收到的和配送的可追溯项目的最小可追溯相关信息进行标识，标识的信息包括： a）货运标识代码（仅针对货运单元）； b）物流单元编码或系列贸运包装箱代码（SSCC）； c）贸易单元编码或 GTIN； d）产品批次号（单品、贸易单元、包装箱、托盘各层级）； e）序列号（单品、贸易单元、包装箱、托盘各层级）。 每个被标识的追溯项目，可以进一步由属性字段描述，例如： a）数量； b）日期代码（例如"销售日期""最佳食用日期""有效期""包装日期""生产日期"）； c）追溯项目接收方和（或）供应商； d）发货日期和发货时间。 每个参与方的识别号或全球位置码（GLN）可以和属性信息关联，例如地址和电话号码
	6.9~6.10	内部管理系统中追溯项目的输入、输出信息相关联
	6.11~6.13	与外部贸易伙伴共享追溯信息
7. 文件要求	7.1~7.2	记录所有追溯活动的相关角色、职责、组织架构及追溯过程的文件
	7.3~7.5	追溯文档和追溯记录的维护
8. 结构和职责	8.1~8.3	追溯团队对追溯程序有一定的认知
9. 培训	9.1~9.2	负责追溯工作人员的培训计划和接受培训证明
10. 供应链协作	10.1	从贸易伙伴处获得如下追溯信息： a）贸易项目代码（如 GTIN）； b）数量； c）批次号； d）日期代码； e）发货日期； f）物流商名称

表 2.3（续）

组成	对应控制点序号	说明
10. 供应链协作	10.2~10.6	针对潜在的安全隐患，制定包括交流与沟通的组织架构、职责和程序的文件
11. 监控	11.1~11.2	采用现有监管和控制计划检查追溯程序的效果
12. 内部和外部审核	12.1~12.2	保留内部、外部审核记录文件
	12.3	纠正不符合的文件

基于上述指标体系，对所有的关键控制点按照评审规则由评审员进行一致性评审，并给出最终的评审结果。基于上述指标体系的评审结果应是可量化的。由于食品的生产流程复杂，链条环节多样化，因此基于上述一致性规则几乎不可能对所有品种给出一个统一的量化限制，即高于一定的分数即认为符合食品可追溯性原则。针对不同食品行业，应在具体实践中制定相应的一致性评审细则，对不同行业区分对待。评审结果也应体现企业追溯能力的高中低差异，而不是一刀切。

2）基于外部视角的食品追溯系统实施效力评价指标体系

上述基于 GS1 的食品可追溯一致性准则主要是基于 GS1 编码体系对企业内部的追溯流程进行梳理、控制和审核，但上述指标体系不要求对公众提供追溯查询服务，而且相关的追溯信息可以是纸质文档，并非一定要通过电子信息化手段进行传输和共享。

在目前电子追溯逐渐成为主流的时代背景下，应对更加侧重于确保消费者追溯体验的新的食品追溯系统实施效力评价指标体系进行更深入地研究。

食品电子可追溯系统具有技术复杂和持续、涉及主体多和应急性强的特点。模糊层次分析法可以很好地把定性方法与定量方法有机结合，将复杂评价体系进行分解，运用层次的权重决策对层次结构评价模型进行分析，而模糊评价法根据模糊数学的隶属度理论把评价体系定性指标评价转化为定量评价，采用模糊数学可以对受到多种因素制约的追溯系统作出一个总体的评价，使评价结果清晰。基于模糊层次分析法，本书对食品可追溯系统建立了三层评价模型，分别是总目标层、一级评价指标层和二级评价指标层。一级评价指标层包括三个方面：追溯系统作业能力、追溯系统快速响应能力和追溯系统增值能力，如表 2.4 所示。

表 2.4 基于模糊层次分析法（FAHP 法）的共享式食品
可追溯体系实施效力评价指标体系

一级评价指标层	二级评价指标层	指标评价说明
追溯系统作业能力	系统设备总利用率	很高＝优，较高＝良，一般＝中，较低＝劣，很低＝差
	系统内产品追溯标识使用率	很高＝优，较高＝良，一般＝中，较低＝劣，很低＝差
	年均信息维护频率	很高＝优，较高＝良，一般＝中，较低＝劣，很低＝差
	专业技术人员比例	很高＝优，较高＝良，一般＝中，较低＝劣，很低＝差
	终端查询技术普及率	很高＝优，较高＝良，一般＝中，较低＝劣，很低＝差
追溯系统快速响应能力	追溯信息深度	追溯至生产者＝优，追溯至加工者＝良，追溯至流通者＝中，追溯至销售者＝劣，无法追溯＝差
	追溯信息宽度	非常全面＝优，比较全面＝良，一般全面＝中，比较不全面＝劣，很不全面＝差
	追溯信息精确度	非常准确＝优，比较准确＝良，一般准确＝中，比较不准确＝劣，非常不准确＝差
	追溯信息获取便利性	非常便利＝优，比较便利＝良，一般便利＝中，比较不便利＝劣，非常不便利＝差
	追溯信息获取及时性	非常及时＝优，比较及时＝良，一般及时＝中，比较不及时＝劣，非常不及时＝差

表 2.4（续）

一级评价 指标层	二级评价指标层	指标评价说明
追溯系统增 值能力	相关食品发生安全问题年度发生率	明显降低＝优，略有降低＝良，无明显变化＝中，略有增高＝劣，明显增高＝差
	相关监管部门的公信力	明显增高＝优，略有增高＝良，无明显变化＝中，略有降低＝劣，明显降低＝差
	相关主体经济效益增长率	明显增高＝优，略有增高＝良，无明显变化＝中，略有降低＝劣，明显降低＝差
	企业相关产品竞争力	明显增高＝优，略有增高＝良，无明显变化＝中，略有降低＝劣，明显降低＝差
	消费者认知度	熟知＝优，比较了解＝良，知道＝中，比较不了解＝劣，不知道＝差
	消费者相关追溯产品购买意愿	很愿意购买＝优，比较愿意购买＝良，可以购买＝中，比较不愿意购买＝劣，很不愿意购买＝差
	消费者对追溯系统的使用程度	经常使用＝优，有时使用＝良，很少使用＝中，使用过一次＝劣，从未使用＝差
	消费者满意度	非常满意＝优，比较满意＝良，基本满意＝中，比较不满意＝劣，非常不满意＝差

　　综合分析现有的食品追溯系统实施效力评价两个指标体系，可以看出基于 GS1 的食品可追溯一致性准则的食品可追溯性评价指标体系更侧重于企业内部的管理流程、数据、文档可追溯，对消费者的外部体验、外部获取到追溯信息的便利性方面兼顾较少。而基于 FAHP 法的共享式食品可追溯体系实施效力评价指标体系则主要侧重于外部公众和消费者对食品安全可追溯的用户体验和实际评价。

　　因此，可以结合以上两个指标体系，形成既包含企业内部追溯流程审核和评价，又兼顾外部公众追溯体验的新的指标体系。新的指标体系借鉴 GS1 的 GS1 食品可追溯一致性关键控制点结构，在此基础上新增加一些关键控制点，着重从消费者体验、追溯信息准确度、追溯时效性和追溯连续性对追溯的外部体验进行控制，如表 2.5 所示。

表 2.5　电子追溯能力评价新增控制点

组成	对应控制点序号	说明
1. 目标	1.1~1.4	追溯系统指南与文件说明
2. 产品定义	2.1~2.5	在主数据系统中，对所有收到的、生产的和配送的贸易项目进行说明
3. 供应链布局	3.1~3.3	在主数据系统中确认内部和外部追溯方
	3.4~3.8	在主数据系统中确认位置
4. 程序建立	4.1~4.5	建立记录所有收到的、生产和配送的贸易项目和半成品的生产批次号和（或）序列号的程序
	4.6~4.7	建立贸易伙伴间的关键主数据的程序
	4.8~4.10	建立程序，用于收集、记录、分享和交流贸易伙伴本身或之间的内部追溯信息
	4.11*	应建立程序，向公众和监管部门开放追溯接口；应建立程序，及时处理公众和监管部门在电子追溯过程中遇到的问题；应建立程序，持续改进电子追溯系统。该项为有条件强制控制点
5. 物流	5.1~5.10	对所有收到的、生产的和配送的贸易单元包装进行物理标识：a）全球贸易项目代码（GTIN）；b）产品批次号（单品、包装箱、托盘）；c）唯一的序列号（仅针对物流托盘级别）；d）货运标识代码（仅针对货运单元）。5.5、5.8、5.9 为强制项
	5.11~5.12	生产流程和追溯流程文件

表 2.5（续）

组成	对应控制点序号	说明
6. 信息要求	6.1~6.8	对所有贸易伙伴生产的、收到的和配送的可追溯项目的最小可追溯相关信息进行标识，标识的信息包括： a）货运标识代码（仅针对货运单元）； b）物流单元编码或 SSCC； c）贸易单元编码或 GTIN； d）产品批次号（单品、贸易单元、包装箱、托盘各层级）； e）序列号（单品、贸易单元、包装箱、托盘各层级）。 每个被标识的追溯项目，可以进一步由属性字段描述，例如： a）数量； b）日期代码（例如销售日期、最佳食用日期、有效期、包装日期、生产日期）； c）追溯项目接收方和（或）供应商； d）发货日期和发货时间。 每个参与方的识别号或 GLN 可以和属性信息关联，例如地址和电话号码
	6.9~6.10	内部管理系统中追溯项目的输入、输出信息相关联
	6.11~6.13	与外部贸易伙伴共享追溯信息
	6.14*	向公众和监管用户共享追溯信息。 该项为有条件强制控制点
7. 文件要求	7.1~7.2	记录所有追溯活动的相关角色、职责、组织架构及追溯过程的文件
	7.3~7.5	追溯文档和追溯记录的维护
8. 结构和职责	8.1~8.3	追溯团队对追溯程序有一定的认知
9. 培训	9.1~9.2	负责追溯工作人员的培训计划和接受培训证明
10. 供应链协作	10.1	从贸易伙伴处获得如下追溯信息： a）贸易项目代码（如 GTIN）； b）数量； c）批次号； d）日期代码； e）发货日期； f）物流商名称

表 2.5（续）

组成	对应控制点序号	说明
10. 供应链协作	10.2~10.6	针对潜在的安全隐患，制定包括交流与沟通的组织架构、职责和程序的文件
11. 监控	11.1~11.2	采用现有监管和控制计划检查追溯程序的效果
12. 内部和外部审核	12.1~12.2	保留内部、外部审核记录文件
	12.3	纠正不符合的文件
13. 电子追溯 *	13.1*	企业应建立追溯产品清单，可追溯产品在外包装上按照规范印刷 Logo；不纳入追溯的商品不能在包装上出现可追溯 Logo。 该项为有条件强制控制点
	13.2*	审核员应分别通过商超和企业待销品仓库随机抽查被追溯主要的品类距离上一次审核期内的 3 个批次的产品（商超 3 个批次，企业待销品仓库 3 个批次）。审核员应核对被抽查产品的追溯信息和真实产品生产记录台账是否一致，并详细记录。 该项为有条件强制控制点
	13.3*	审核员核查企业追溯数据上报记录，企业在距离上一次评审结束后的一个周期内，数据应连续上传。企业在周期内停止生产的除外
	13.4*	企业均使用电子追溯系统存储所有销售的商品的电子追溯数据，存储数据应覆盖上一次审核的整个周期
* 新增控制点。		

上述指标体系，在原有的关键控制点的基础上，不仅对企业内部的追溯能力进行一致性评价，还对企业外部追溯的能力进行评价。通过该指标体系，可以推动企业主动完善电子追溯系统，持续提升企业的内外部追溯能力。该指标体系的意义在于将电子追溯作为条件可选项纳入企业日常生产质量体系，利用现有的电子追溯信息手段提升和保证产品质量。

2.4　食品供应链可追溯评价的困难与挑战

基于十余年的食品安全追溯体系建设经验，中国食品质量安全可追溯体系建设在制度、标准和试点示范方面取得了一定的成果，但同时也显现出诸多困境，成为制约我国食品安全可追溯体系继续健全发展的瓶颈。中国食品供应链可追溯性评价虽然早就有标准，但一直却难以实施和推广，其困境主要体现在现有食品追溯系统标准不统一、立法缺少强制实施、不同参与主体间追溯体系缺乏兼容性、追溯技术有待完善、追溯信息内容不规范且完整性不足，造成溯源信息不能资源共享和交换等方面，详述如下。

（1）现有食品追溯系统标准不统一、不兼容。中国不同层面的食品追溯系统参与主体出台了不同的标准，如农业农村部、国家市场监督管理总局、中国物品编码中心等国家层面及各地方政府层面相继出台了一系列规范、指南、要求等标准，但是部门之间、不同层级之间缺乏有效的沟通协调，导致不同的标准之间存在重合及不统一，且各地方政府出台的标准大多带有地域特色，同时标准质量千差万别。现存的标准中缺乏关于食品安全追溯系统设计、管理和服务模式的标准，阻碍了追溯系统的普及及推广，且由于标准不统一，很难与国际标准接轨，在一定程度上影响了我国食品的出口。

（2）不同参与主体间追溯体系兼容性问题。在企业层面，我国目前食品安全追溯系统多是基于单个企业实际需求定制开发的内部追溯系统，满足本企业追溯需求尚可，但较难与其他部门共享追溯信息。在国家及地方政府层面，我国目前参与食品质量可追溯体系建设工作的主体众多，导致在推行食品安全追溯体系时，由于多个部门通过不同渠道在不同区域推行不同系统，追溯信息得不到有效共享，形成追溯区域壁垒，并形成信息孤岛。目前大多数企业、地方自建的食品追溯平台，并未和相关监管部门打通。

（3）立法支持缺少强制实施。目前，我国已经建立了食品安全制度的基本框架，而且国家和地方政府发布的一系列食品安全相关法规要求很多都涉及追溯制度。如 2021 年 4 月 29 日通过的新的《中华人民共和国食品安全法》，第四十二条明确规定"国家建立食品安全全程追溯制度"。但迄今为止依然没有一个相对独立的食品安全法律体系，导致对食品安全违法犯罪的判定缺乏依据，惩罚力度不够，威慑力不足。

（4）追溯技术及体系尚待完善。现阶段，我国诸多可追溯技术体系和支撑手段日益成熟，如 EAN·UCC 系统、条码及二维码识别技术、RFID 技术、GPS 技术等。但很多技术由于推行成本高，大多只能由政府推动试点使用，进一步推广应用难度较大。因此，现有的追溯技术及体系亟需低成本的方案。

（5）追溯信息内容不规范且完整性不足。目前，现有的系统追溯信息内容不统一，有简有繁，没有录入采集规范，且追溯链条较短，没有实现上下游企业或部门之间的追溯信息的传递。因此，食品生产企业的多元化给食品质量追溯系统的研发和推广带来困难，而且凭借市场主体自觉自律的可追溯数据采集、跟踪，其质量和完整性难以保证。同时，目前市场追溯码造假泛滥，编码成了某些企业的谋利工具，大大损害了消费者对食品安全的信心。

（6）生产者环节参与度不高。生产者作为追溯环节上最重要的一环，在追溯体系中却经常缺位。食品安全追溯体系要保证食品安全质量，必须建立生产到消费的全程追溯链条。但目前的困境是，作为食品生产者的农户、小作坊，参与食品安全追溯体系的意愿不高，种养殖散户使用追溯平台的积极性也不高。而关键农产品追溯要把每个环节纳入溯源，在一定程度上增加了生产者的工艺复杂性和成本，但却未能使其获取到更多的收益，这些因素都在某种程度上削弱了生产者参与追溯体系的积极性。

（7）GS1 的全球可追溯一致性评价标准落地实施成本较高。企业作为经营主体，更关注的是投入和效益。虽然 GS1 的全球可追溯一致性建立了完善的一致性评价准则和评价体系，但中国的食品追溯发展水平还远远落后于外国，如果要建立实现完善的 GS1 追溯体系，对于企业来说将是一笔巨大的投入，这种投入难以在短期内得到回报，反而会增加企业在生产经营过程中的成本。因此，使 GS1 的全球可追溯一致性评价标准落地，需要把全球可追溯一致性评价准则进行适当的修改，使其更适合中国的国情，以一种中小企业能普遍接受的方式实施，逐步提高食品安全追溯的管控水平。

（8）缺乏有品牌和影响力的追溯体系认证标识。企业在可追溯一致性评价过程中，最终能获得收益的有两个动机：一个是满足政府的监管要求；另一个是获得消费者的品牌认可。目前在政府的监管方面，逐步对追溯的要求越来越严格，但企业是被动完成追溯的，一旦政府的监管放松，企业会不自觉地减少追溯方面的投入。而在消费者的品牌认可方面，目前社会上还缺乏一个有公信力的强有力的认证品牌或认证联盟，当企业通过该品牌的追溯一致性认证以后，能树立企业在消费者面前的良好形象，进而增加消费者的信心。这种追溯品牌可能针对不同的产品是不同的认证品牌，但应遵循同样的可追溯一致性评价标准进行追溯认证。

第3章	GS1 食品供应链可追溯一致性 评价准则研究

由于法律法规的要求，目前全球开展产品追溯的国家众多，采用的追溯码各异，即使同样采用 GS1 系统实施产品追溯的国家（或同一国家的不同追溯系统），其追溯码数据结构和数据项等方面也不一致。因此，在全球市场交易的产品和服务的可追溯性体系，需要遵循一个国际认可的可追溯性标准，对于已经建立的可追溯体系也需要有一个全球性的标准鉴定方式。这样才有可能保证所有建立了可追溯性体系的企业共同采用全球唯一的通用语言。为了确保 GS1 可追溯管理系统的权威性，GS1 在全球开展GS1 全球可追溯一致性（GTC）工作。

3.1　GTC 控制点

3.1.1　控制点使用指南

GS1 全球可追溯一致性检查表中有 72 个可追溯性控制点，满足其他可追溯性标准或良好生产规范（GMP）中的可追溯性要求。72 个可追溯控制点分为 12 个部分，每个部分都有不同的可追溯性目标。通过遵循每一部分的控制点，将涵盖可追溯系统的重要组成部分。

表 3.1 给出了控制点的组成要素、每一要素的对应控制点序号及说明。

表 3.1　控制点组成

组成要素	对应控制点序号	说明
1. 目标	1.1~1.4	追溯系统指南与文件说明。1.3、1.4 为强制项
2. 产品定义	2.1~2.5	在主数据系统中，对所有收到的、生产的和配送的贸易项目进行说明
3. 供 应 链 布局	3.1~3.3	在主数据系统中确认内部和外部追溯方。3.2 为强制项
	3.4~3.7	在主数据系统中确认位置。3.5 为强制项
4. 程序建立	4.1~4.5	建立记录所有收到的、生产和配送的贸易项目和半成品的生产批次号和（或）序列号的程序
	4.6~4.7	建立贸易伙伴间的关键主数据的程序。4.6 为强制项
	4.8~4.10	建立程序，用于收集、记录、分享和交流贸易伙伴本身或之间的内部追溯信息。4.8、4.9、4.10 为强制项
5. 物流	5.1~5.10	对所有收到的、生产的和配送的贸易单元包装进行物理标识：全球贸易项目代码（如 GTIN）；产品批次号（单品、包装箱、托盘）；唯一的序列号（仅针对物流托盘级别）；货运标识代码（仅针对货运单元）。5.5、5.8、5.9 为强制项
	5.11~5.12	生产流程和追溯流程文件
6. 信息要求	6.1~6.8	对所有贸易伙伴生产的、收到的和配送的可追溯项目的最小可追溯相关信息进行标识，标识的信息包括： a）货运标识代码（仅针对货运单元）； b）物流单元编码或系列贸运包装箱代码（SSCC）； c）贸易单元编码或 GTIN； d）产品批次号（单品、贸易单元、包装箱、托盘各层级）； e）序列号（单品、贸易单元、包装箱、托盘各层级）。 每个被标识的追溯项目，可以进一步由属性字段描述，例如： a）数量； b）日期代码（例如"销售日期""最佳食用日期""有效期""包装日期""生产日期"）； c）追溯项目接收方和（或）供应商； d）发货日期和发货时间。

表 3.1（续）

组成要素	对应控制点序号	说明
6. 信息要求	6.1~6.8	每个参与方的识别号或全球位置码（GLN）可以和属性信息关联，例如地址和电话号码。 6.4、6.6 为强制项
	6.9~6.10	内部管理系统中追溯项目的输入、输出信息相关联。 6.8 为强制项
	6.11~6.13	与外部贸易伙伴共享追溯信息。 6.12 为强制项
7. 文件要求	7.1~7.2	记录所有追溯活动的相关角色、职责、组织架构及追溯过程的文件。 7.1、7.2 为强制项
	7.3~7.5	追溯文档和追溯记录的维护。 7.3、7.4 为强制项
8. 结构和职责	8.1~8.3	追溯团队对追溯程序有一定的认知。 8.1、8.2、8.3 为强制项
9. 培训	9.1~9.2	负责追溯工作人员的培训计划和接受培训证明。 9.1 为强制项
10. 供应链协作	10.1	从贸易伙伴处获得如下追溯信息： a）贸易项目代码（如 GTIN）； b）数量； c）批次号； d）日期代码； e）发货日期； f）物流商名称
	10.2~10.6	针对潜在的安全隐患，制定包括交流与沟通的组织架构、职责和程序的文件
11. 监控	11.1~11.2	采用现有监管和控制计划检查追溯程序的效果。 11.1 为强制项
12. 内部和外部审核	12.1~12.2	保留内部、外部审核记录文件。 12.1、12.2 为强制项
	12.3	纠正不符合的文件

3.1.2　控制点

表 3.2~ 表 3.13 对每一个控制点的编号、要求、一致性准则、适用情况和级别进行了说明。

在这里，每一个控制点的适用情况都分为两种情况：即必须适用和不适用。

所有"必须适用"的控制点必须采用一致性准则，不能选择"不适用"。只有审核员有权确定该控制点是"不适用"。

对每一个控制点，级别情况分为 5 种情况，每种情况的具体要求如下：

（1）强制：共有 26 个"强制"控制点，这些控制点是企业在运营过程中体现食品可追溯一致性必不可少的重要环节，必须符合，不能标为"不适用"。

（2）有条件强制：共有 21 个"有条件强制"控制点，这些控制点也是企业在运营过程中体现食品可追溯一致性必不可少的重要环节，在特定环境下，根据每个企业的实际情况，将这些控制点标为"不适用"。

（3）可选：共有 11 个"可选"控制点，这些控制点是企业在运营过程中体现食品可追溯一致性的重要环节。

（4）推荐：共有 14 个"推荐"控制点，这些控制点是其他标准、生产质量管理规范或国际追溯指南中提出的可追溯要求。

针对每个控制点的一致性审核，满足一致性要求的控制点标为"符合（是）"；不满足一致性要求的控制点标为"不符合（否）"。

表 3.2　目标控制点组成

编号	控制点	一致性准则	适用情况	级别
1.1	组织是否了解其贸易项目目的地、配送地、出口国和销售地的追溯法规、标准和实施指南	组织的管理者和责任人应了解贸易项目目的地、配送地、出口国和销售地最新的追溯法规、标准和实施指南		推荐

表 3.2（续）

编号	控制点	一致性准则	适用情况	级别
1.2	组织是否了解其所有客户的追溯要求	组织应及时跟进和记录所有客户的追溯要求		推荐
1.3	是否有文件（纸质或电子）明确规定组织追溯系统的目标、方法和范围，是否指派一名员工负责此项工作	对于以下方面，组织必须具有合适的文件： a）追溯系统的范围、目标和相关步骤的描述，例如：追溯计划； b）追溯系统管理人员和职责	必须适用	强制
1.4	组织的管理团队是否了解追溯系统的目标和范围	a）管理团队了解组织的追溯系统目标和范围； b）管理部门签发包含有追溯系统目标和范围的文件	必须适用	强制

表 3.3　产品定义控制点组成

编号	控制点	一致性准则	适用情况	级别
2.1	是否组织收到的所有贸易项目都采用唯一的标识代码，所有需要追溯的产品层级的描述是否被记录在主数据中	由组织收到的、所有需要追溯的贸易项目的唯一标识代码和描述必须记录在主数据中。适用于产品的不同层级		有条件强制
2.2	是否组织收到的所有贸易项目都采用全球贸易项目代码（GTIN）标识，所有需要追溯的产品层级的描述是否被记录在主数据中	组织收到的、所有需要追溯的贸易项目的 GTIN 和描述必须记录在采用全球数据同步网络（GDSN）的主数据中。适用于产品的不同层级		可选
2.3	对组织生产的、所有需要追溯的半成品是否采用唯一标识代码进行标识和记录	组织生产的半成品的唯一标识代码和描述必须存有文件或记录		推荐
2.4	是否组织配送的所有贸易项目都采用 GTIN 标识，所有需要追溯的产品层级的描述是否被记录在主数据中	由组织配送的、所有需要追溯的贸易项目的 GTIN 和各产品层级的描述记录在主数据中		有条件强制

表 3.3（续）

编号	控制点	一致性准则	适用情况	级别
2.5	是否在主数据中对需要追溯的所有资产采用全球可回收资产代码（GRAI）和全球单个资产代码（GIAI）编码	需要追溯的所有资产的 GS1 标识（GRAI 和 GIAI）必须记录在主数据中		可选

表 3.4　供应链布局控制点组成

编号	控制点	一致性准则	适用情况	级别
3.1	是否在主数据中对所有人员分配标识代码，相关说明是否主数据中记录	生产和供应链上所涉及的所有人员的标识代码和相关描述必须记录在主数据中。描述中必须至少包括： a）姓名； b）身份证号； c）职务	必须适用	推荐
3.2	是否在主数据中对所有贸易伙伴分配标识代码，相关说明是否在主数据中记录	在主数据中对所有贸易伙伴分配标识代码，在主数据中记录其相关说明信息。相关信息中必须至少包括： a）组织名称； b）地址； c）联系人； d）电话号码； e）传真号； f）电子邮件	必须适用	强制
3.3	是否在主数据中对所有贸易伙伴分配全球位置码（GLN）标识，相关说明是否在主数据中记录	在主数据中对所有贸易伙伴分配 GLN 标识，在主数据中记录其相关说明信息。说明中必须至少包括： a）组织名称； b）地址； c）联系人； d）电话号码； e）传真号； f）电子邮件		推荐

表 3.4（续）

编号	控制点	一致性准则	适用情况	级别
3.4	是否在主数据中采用唯一标识代码对需要与贸易伙伴进行合作的内部位置进行标识，相关说明是否在主数据中记录	所有需要与贸易伙伴进行合作的组织内部位置（如：配送中心、接收点、配送点、加工厂、农田）的唯一标识代码和相关描述必须记录在主数据中。相应描述中必须至少包括： a）位置名称； b）地址； c）电话号码； d）传真号； e）电子邮件	必须适用	有条件强制
3.5	是否在主数据中采用 GLN 对需要与贸易伙伴进行合作的内部位置进行标识，相关说明是否在主数据中记录	所有需要与贸易伙伴进行合作的组织内部位置（如：配送中心、接收点、配送点、制造工厂、农田）的 GLN 标识和相关描述必须记录在主数据中。相应描述中必须至少包括： a）位置名称； b）地址； c）电话号码； d）传真号； e）电子邮件	必须适用	强制
3.6	是否在主数据中采用标识代码对所有需要追溯的外部位置（如：储存仓库、配送中心、贸易伙伴）进行标识，相关说明是否在主数据中记录	所有需要追溯的外部位置（如：储存仓库、配送中心、贸易伙伴）的标识代码和相关说明信息应记录在主数据中。相关信息中必须至少包括： a）位置名称； b）地址； c）电话号码； d）传真号； e）电子邮件		有条件强制

表 3.4（续）

编号	控制点	一致性准则	适用情况	级别
3.7	是否在主数据中采用 GLN 对需要追溯的所有外部位置（如：储存仓库、配送中心、贸易伙伴）进行标识，相关说明是否在主数据中记录	所有需要追溯的外部位置（如：储存仓库、配送中心、贸易伙伴）的 GLN 标识和相关描述必须记录在主数据描述中必须至少包括： a）位置名称； b）地址； c）电话号码； d）传真号； e）电子邮件		可选

表 3.5　程度建立控制点组成

编号	控制点	一致性准则	适用情况	级别
4.1	是否建立相应的程序，对组织收到、生产和配送的追溯贸易项目进行描述和记录	对于组织收到、生产和配送的每一个追溯贸易项目有相应的程序文件。 文件必须包括： a）程序文件编号； b）产品名称； c）成分； d）数量； e）包装； f）配送方法		有条件强制
4.2	是否建立详细的程序，对组织创建的每一个贸易项目的批次号进行定义	组织对其创建的每一个贸易项目的批次号有详细的程序文件		有条件强制
4.3	组织是否有检查关于编码和代码分配与 GS1 标准一致性的过程	对组织分配的所有贸易项目的条码的质量、代码的分配以及 GTIN 维护的程序有相应的文件记录，以确保其符合 GS1 标准的要求		有条件强制

表 3.5（续）

编号	控制点	一致性准则	适用情况	级别
4.4	是否建立相应的程序，对组织所生产的可追溯半成品进行描述和记录	对于组织所生产的可追溯半成品有描述和记录的程序文件。 文件必须包括： a）程序文件编号； b）产品名称； c）成分； d）数量； e）包装； f）配送方法		推荐
4.5	是否建立相应的程序，对组织需要追溯到每一批次的库存半成品进行描述和记录	对组织需要追溯到每一批次的库存半成品有程序文件		推荐
4.6	是否建立相应的程序，保持追溯主数据与贸易伙伴一致	对相关信息进行详细记录，与贸易伙伴通过有效的方法进行主数据同步。同步的主数据应包括： a）参与方； b）物理位置； c）资产； d）追溯贸易项目		强制
4.7	通过 GDSN，组织是否与贸易伙伴实现有效的数据同步	对相关信息进行详细记录，与贸易伙伴通过 GDSN 进行有效的主数据同步。同步的主数据应包括： a）参与方； b）物理位置； c）资产； d）追溯贸易项目		可选

表 3.5（续）

编号	控制点	一致性准则	适用情况	级别
4.8	在贸易伙伴和指定的责任人之间是否有制定好的程序和机制（电子化或纸质），对每一个环节中的追溯节点实现精确及时的数据采集，记录并分享追溯信息	有电子或纸质形式和（或）追溯环节各个节点的信息采集、记录和分享的详细程序机制，明确每一个信息记录的责任人		强制
4.9	是否有适合的内部和外部追溯请求程序	组织针对危机事件建立追溯请求程序。应包括： a）内部和外部参与方的清单； b）指定危机管理（例如：召回）的员工并明确职责； c）内部和外部追溯要求相关的沟通计划； d）关键的产品属性，例如产品标识号、批次、数量、成分、原料类型、批次（或生产制造）日期； e）组织和贸易伙伴间的位置标识（或位置属性）； f）为内部和外部参与方提供证明文件清单		强制
4.10	是否建立了程序文件，描述当发生召回、下架、食品安全危机等事故时，如何与关键内外部各方进行沟通	形成程序文件，详细描述发生召回、下架、食品安全危机等事故时如何与相关方沟通，包括： a）质量和安全团队（内部）； b）产品经理（内部）； c）品牌拥有者； d）供应商； e）生产商； f）专业实验室； g）政府监管部门； h）市场监管和消费者保护团体		强制

表 3.6 物流控制点组成

编号	控制点	一致性准则	适用情况	级别
5.1	是否采用标识代码对组织收到的、需要追溯的货物进行标识	组织所收到的货物应在其包装上印有标识代码，若无法直接附在货物包装上，则至少附在包装容器上或者随附文件上		有条件强制
5.2	是否采用 GS1GSIN 对组织收到的、需要追溯的货物进行标识	组织所收到的货物应在其包装上印有标准标识代码，若无法直接附在货物包装上，则至少附在包装容器上或者随附文件上		可选
5.3	是否采用标识代码对组织收到的物流单元进行标识	组织所收到的物流单元应在其包装上印有标识代码，若无法直接附在货物包装上，则至少附在包装容器上或者随附文件上		有条件强制
5.4	是否采用 SSCC 编码的 GS1-128 码或 EPC/RFID 标签对组织收到的物流单元进行标识	组织所收到的物流单元应在其包装上有采用 SSCC 编码的 GS1-128 码或 EPC/RFID 标签，若无法直接附在货物外包装上，则至少附在包装容器上或者随附文件上		可选
5.5	组织所收到的贸易项目上是否附带有 GS1 数据载体	组织所收到的贸易项目应在其包装、包装容器上或者随附文件上附带有 GS1 数据载体 符合 GS1 标准的数据载体有： a）对于通过 POS 结算的贸易项目：EAN-13，EAN-8，UPC-A，UPC-E，GS1 DataBar，GS1 DataMatrix，EPC/RFID 标签；		强制

表 3.6（续）

编号	控制点	一致性准则	适用情况	级别
5.5	组织所收到的贸易项目上是否附带有 GS1 数据载体	b）对于不通过 POS 结算的贸易项目（一批贸易项目，如"箱"）EAN–13，ITF–14，GS1–128，GS1 DataMatrix，GS1 DataBar，EPC/RFID 标签）		强制
5.6	组织的半成品（收到或配送的）上，是否都标有标识代码、产品批次号或序列号	组织所有库存的半成品应在其包装、包装容器上或者随附文件上，标有标识代码、产品批次号或序列号		有条件强制
5.7	组织配送的、需要追溯的货运单元，是否采用 GSIN 进行物理标识	组织所配送的、需要追溯的货运单元应在其包装、包装容器上或者随附文件上，附以 GS1–128 码标识的 GSIN		有条件强制
5.8	是否采用 SSCC 编码的 GS1–128 码或 EPC/RFID 标签对组织所配送的物流单元进行标识	组织所配送的物流单元上应附上采用 SSCC 编码的 GS1–128 码或 EPC/RFID 标签。若无法直接附在物流单元上，则至少在包装容器上或者随附文件上附带	必须适用	强制
5.9	组织所配送的贸易项目上是否直接附带 GS1 数据载体	组织所配送的贸易项目应在其包装、包装容器上或者随附文件上附带有 GS1 数据载体 符合 GS1 标准的数据载体有： a）对于通过 POS 结算的贸易项目：EAN–13，EAN–8，UPC–A，UPC–E，GS1 DataBar，GS1 DataMatrix，EPC/RFID 标签； b）对于不通过 POS 结算的贸易项目（一批贸易项目，如"箱"）EAN–13，ITF–14，GS1–128，GS1 DataMatrix，GS1 DataBar，EPC/RFID 标签		强制

表 3.6（续）

编号	控制点	一致性准则	适用情况	级别
5.10	是否采用生产批次号、序列号或系列化全球贸易标识代码（SGTIN）对组织所配送的贸易项目进行标识	组织所配送的贸易项目应在其包装、包装容器上或者随附文件上采用生产批次号、序列号或者 SGTIN 进行标识		有条件强制
5.11	从原材料、产品、供应、包装直到将贸易项目送到消费者手中，现有的流程图是否反应了组织的生产运作流程	现有的流程图应涉及贸易项目的整个环节，包括：原材料、产品、供应、包装直到将贸易项目送到消费者手中		可选
5.12	是否有演示内部发起追溯请求的流程图	现有的流程图应将供应链中有可能用于实施追溯的信息相连		推荐

表 3.7 信息要求控制点组成

编号	控制点	一致性准则	适用情况	级别
6.1	对于组织收到的、所有需要追溯的货运单元或物流单元的信息，是否形成相关记录	在一个或多个系统文件（电子或纸质）中，对于组织收到的每一个追溯货运单元或物流单元，至少记录如下信息： a）货运单元代码（货运单元）； b）物流单元代码（物流单元）； c）供应商标识（可用 GLN）； d）收货日期		有条件强制
6.2	对于组织收到的、所有全球唯一追溯货运单元或物流单元，是否形成相关记录	在一个或多个系统文件（电子或纸质）中，对于组织收到的每一个全球唯一标识的货运单元或物流单元，至少记录如下信息： a）带应用标识符 402 的全球货运单元代码（货运单元）； b）SSCC（物流单元）； c）供应商标识（可用 GLN）； d）收货日期		可选

表 3.7（续）

编号	控制点	一致性准则	适用情况	级别
6.3	组织收到的、所有需要追溯的贸易项目的交货信息，是否形成相关记录	组织收到的贸易项目的交货记录必须包含以下内容： a）贸易项目代码（可用 GTIN）； b）批次或序列号； c）数量； d）供应商信息（可用 GLN）； e）进口商信息（可用 GLN）； f）发货文件； g）物流商信息（可用 GLN），地址、电话、传真、电子邮箱； h）收货日期		有条件强制
6.4	是否可以通过现有文件确认某一批次号或序列号的贸易项目已经或尚未配送给客户	文件应对某一批次号或序列号的贸易项目是否配送或尚未配送给客户进行记录	必须适用	强制
6.5	对于组织配送的每一个追溯货运单元或物流单元，是否形成相关记录	在一个或多个系统文件（电子或纸质）中，对于组织配送的每一个追溯货运单元或物流单元，至少记录如下信息： a）货运单元代码（货运单元）； b）物流单元代码（物流单元）； c）批次或序列号； d）收货人标识（可用 GLN）； e）发货日期		有条件强制
6.6	对于组织配送的每一个全球唯一追溯货运单元或物流单元，是否形成相关记录	在一个或多个系统文件（电子或纸质）中，对于组织配送的每一个全球唯一标识的货运单元或物流单元，至少记录如下信息： a）带应用标识符 402 的全球货运单元代码（货运单元）； b）SSCC（物流单元）； c）收货人标识（可用 GLN）； d）发货日期		强制

表 3.7（续）

编号	控制点	一致性准则	适用情况	级别
6.7	对于组织配送的每一个追溯贸易项目，是否形成相关记录	在一个或多个系统文件（电子或纸质）中，对于组织配送的每一个追溯贸易项目，至少记录如下信息： a）贸易项目代码（可用 GTIN）； b）批次或序列号（可选）； c）数量； d）客户信息（可用 GLN）； e）收货人信息（可用 GLN）； f）物流商信息（可用 GLN），地址、电话、传真、电子邮箱； g）发货文件； h）发货日期		有条件强制
6.8	对于组织配送的每一个全球唯一追溯贸易项目，是否形成相关记录	在一个或多个系统文件（电子或纸质）中，对于组织配送的每一个全球唯一标识的追溯贸易项目，至少记录如下信息： a）贸易项目代码 GTIN（通过 POS 结算的贸易项目）； b）批次或序列号； c）数量； d）客户信息（可用 GLN）； e）收货人信息（可用 GLN）； f）物流商信息（可用 GLN），地址、电话、传真、电子邮箱； g）发货文件； h）发货日期		有条件强制
6.9	能否把各层级的输入和输出信息联系起来（一对多，多对一，多对多）	可通过以下文档信息将输入和输出信息联系起来： a）每个物流单元的标识信息（如托盘号，供应商标识）能够和该物流单元内所装贸易项目的生产批次号或序列号联系起来；		有条件强制

表 3.7（续）

编号	控制点	一致性准则	适用情况	级别
6.9	能否把各层级的输入和输出信息联系起来（一对多，多对一，多对多）	b）每个贸易项目的生产批次号或序列号信息（如产品代码，最佳食用日期）与贸易项目性状改变关联（如制造日期、时间）； c）每个收到的贸易项目的生产批次号或序列号信息（如箱码）与物流单元（如托盘号），货运信息（如货运标识）和配送的贸易项目的生产批次或序列号对应的信息（如产品数量，发货日期，地点名称）关联； d）每个配送的物流单元内所装贸易项目的生产批次号或序列号信息会与交付的物流单元和货物关联	有条件强制	
6.10	是否可以将组织内的物流单元与该物流单元内所装贸易项目的生产批次号或序列号通过全球唯一标识代码联系起来	可通过全球唯一标识代码将输出信息联系起来： a）每一个组织配送的物流单元的 SSCC 要和物流单元内所装贸易项目的 GTIN、生产批次号或序列号信息关联； b）每一个配送的贸易项目的 GTIN 和生产批次号或序列号信息要和对应的物流单元的 SSCC 关联	有条件强制	
6.11	是否可以通过现有文件将每个已配送的贸易项目的生产批次号或序列号与到达顾客目的地的物流单元联系起来	文件记录了每个相关已配送的贸易项目的生产批次号和对应的顾客号码、目的地和发货日期	有条件强制	
6.12	是否可以与贸易伙伴共享所配送的贸易项目的追溯信息，以满足追溯请求或商业需求	文件可以针对组织所配送贸易项目的每个批次号或序列号向贸易伙伴提供以下追溯信息： a）贸易项目标识（可用 GTIN）；	可选	

表 3.7（续）

编号	控制点	一致性准则	适用情况	级别
6.12	是否可以与贸易伙伴共享所配送的贸易项目的追溯信息，以满足追溯请求或商业需求	b）数量； c）发货日期； d）收到某一批次号或序列号的贸易项目的客户信息（可用 GLN）； e）发货物流商信息（可用 GLN），地址、电话号码、传真号、电子邮箱； f）发货文件； g）上级供应商信息和供应的贸易项目的批次号或序列号； h）某一批次号或序列号的贸易项目的收货日期； i）进货物流商（可用 GLN）、地址、电话号码、传真号、电子邮箱		可选
6.13	在贸易项目实物发运前，是否利用 GS1 电子文件"发货通知"向贸易伙伴发送贸易项目的信息	在贸易项目实物发运前，一个包含了配送产品信息的电子报文发送给贸易伙伴。相关的 GS1 标准是 EANCOM 或 GS1 XML		强制

表 3.8　文件要求控制点组成

编号	控制点	一致性准则	适用情况	级别
7.1	是否可以通过组织现有记录对从收到贸易项目到贸易项目交付给贸易伙伴所有流程进行确认	相关记录和日志必须能说明从收到贸易项目到贸易项目交付给贸易伙伴所有流程	必须适用	强制
7.2	是否有追溯信息管理文件，如组织架构、职责和追溯系统功能	相关文件说明追溯信息管理的组织架构、职责和追溯系统功能，如： a）组织架构； b）关联性； c）角色；	必须适用	强制

表 3.8（续）

编号	控制点	一致性准则	适用情况	级别
7.2	是否有追溯信息管理文件，如组织架构、职责和追溯系统功能	d）人员； e）基础设施； f）文件编制方法； g）所用软件（如使用）	必须适用	强制
7.3	是否对贸易项目产品周期内的所有追溯文件进行归档记录，其记录信息是否至少保存产品保质期满后6个月；没有明确保质期的，保存期限不得少于2年	所有记录都必须根据组织的追溯系统目标中的各项规定、标准或商业要求至少保存产品保质期满后6个月；没有明确保质期的，保存期限不得少于2年	必须适用	强制
7.4	是否追溯系统中的所有文件保持最新（至少每年审查一次文件确认其有效性），反映当前的过程和程序	当前的追溯过程用文件及时记录。确保文件反映了生产线上发生的所有情况	必须适用	强制
7.5	追溯系统文件（追溯数据）是否受控，仅由被授权的人员编制	组织设置受控区域，编制控制文件，对追溯数据记录、储存及管理	必须适用	推荐

表 3.9 结构和职责控制点组成

编号	控制点	一致性准则	适用情况	级别
8.1	是否在文件中确定了现有的追溯团队及其作用和职责	组织必须建立追溯运作团队，而且要确定团队的作用和职责并编制相关文件	必须适用	强制
8.2	追溯团队是否拥有必要的资源来维持追溯系统（资源包括人力资源、信息技术和预算）	组织必须确保追溯人员、所用技术有项目经费预算	必须适用	强制
8.3	工作人员是否了解职能相关的追溯程序及指示，并且知道在何时、何地以及如何使用它们	工作人员必须了解职能相关的追溯程序及指示。他们要了解在何处、何时及如何使用这些程序和指示	必须适用	强制

表 3.10　培训控制点组成

编号	控制点	一致性准则	适用情况	级别
9.1	是否为员工提供有关组织追溯系统的培训，同时，该培训内容是否定期更新	记录应注明培训日期，说明对负责追溯的员工进行培训	必须适用	强制
9.2	负责组织追溯系统的员工，是否接受了有关 GS1 全球追溯标准和 GS1 系统的培训	记录应证明，负责技术支撑组织追溯系统的员工接受了有关 GS1 全球追溯标准和 GS1 系统的培训。同时，要有培训证书，或者培训签到表	必须适用	可选

表 3.11　供应链协作控制点组成

编号	控制点	一致性准则	适用情况	级别
10.1	是否可以从贸易伙伴处获得所收到的所有贸易项目的追溯信息	从需要追溯的某一批次号或序列号的贸易项目的贸易伙伴处至少获得以下追溯信息：a）产品标识（可用 GTIN）；b）数量；c）生产日期；d）发货日期；e）物流商信息（可用 GLN）、地址、电话号码、传真号、电子邮箱（可选）		有条件强制
10.2	当客户提出请求时，是否可以及时提供详细的追溯信息；根据行业协议可从贸易伙伴处获得追溯信息	需要追溯的某一批次号或序列号的贸易项目，贸易伙伴相互可根据行业协议及时获得追溯信息		推荐
10.3	是否在文件中详细记录处理追溯危机的流程	文件说明何时会发生危机，并列出危机管理时将要采取的所有行动		推荐
10.4	组织中是否设有危机处理小组，并且明确了成员各自的职责和作用	组织建立一支授权进行管理危机的团队。团队详细确定各自的作用和职责		推荐

表 3.11（续）

编号	控制点	一致性准则	适用情况	级别
10.5	是否在文件中制定了针对问题产品的召回计划	文件说明受影响产品的召回方式	必须适用	推荐
10.6	安全危机管理和召回程序是否是随时运作	安全危机管理和召回程序 7 d×24 h 运作	必须适用	推荐

表 3.12　监控控制点组成

编号	控制点	一致性准则	适用情况	级别
11.1	是否针对追溯系统建立监管和控制计划，同时，该监管和控制计划是否定期执行	建立追溯系统监管和控制计划，按照范围和目标定期确认运作是否正常	必须适用	强制
11.2	组织是否根据监控计划得到其追溯系统的审查结果	组织须提供证据证明其根据监控计划对追溯系统进行监控	必须适用	强制

表 3.13　内部和外部审核控制点组成

编号	控制点	一致性准则	适用情况	级别
12.1	组织是否坚持对内部和外部的审核情况进行记录以确保其符合追溯标准，同时，至少每年进行一次内部或外部审核	有组织每年进行一次内部或外部审核的记录文件	必须适用	强制
12.2	是否有此前的追溯审核与审查结果记录	有先前实施追溯审核与追溯审查结果的相关文件	必须适用	强制
12.3	为解决追溯系统运行的不符合已采取的内部和外部审核（第三方）纠正措施，是否编制了相关文件	有描述解决追溯系统运行的不符合已采取措施的相关文件		有条件强制

3.2 GTC 控制点认证与审核

3.2.1 概述

GTC 控制点认证与审核活动由 4 部分组成，分别是启动审核，准备审核计划，实施现场审核，编制、批准和发布审核报告。审核活动流程图如图 3.1 所示。

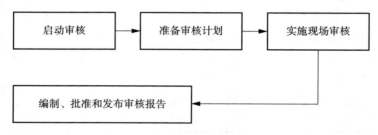

图 3.1 GTC 控制点认证与审核过程流程图

3.2.2 启动审核

3.2.2.1 启动审核要求

启动审核是整个审核过程的起点，在启动审核时应指定审核组长，启动审核应由负责管理审核计划的人员或审核组长召集。审核启动时，应进行如下活动：

（1）与受审核方建立沟通渠道。

（2）确认进行审核的授权。

（3）提供有关审核组长和审核团队组成的信息。

（4）确定适用的现场安全规则。

（5）商定审核团队的需求。

（6）申请浏览相关的文件和记录。

（7）确定审核目标和范围。

（8）确定现场审核活动、日期和时间。

（9）交付审核材料文件。

3.2.2.2　审核目标和范围

1）审核目标

审核目标是审核的关键，是确定审核地点、界定审核项目以及审核要达到的目标。如：本次审核是要评估 ×× 公司位于 ×× 地点（审核地点）将托盘级货物从配送中心送至零售门店各环节的可追溯情况，要考察所有控制点与 3.1.2 中要求的符合情况。

审核目标应由审核委托方界定，并应明确采用的审核标准。此外，还应确定审核的全部可追溯的项目。

2）审核范围

审核时需要界定审核的范围和界限，界定受审核的组织或单位、原材料、配料、包装材料、半成品、成品等可追溯项目，可追溯项目的流程、审核活动和过程。例如，此次审核，对所有的流程的处理都将对照 3.1.2 的要求进行，从生鲜原料、配料和包装材料的接收、入库和成品的存储和配送、审核流程以及审核活动持续的时间。

审核范围应由审核委托方和审核组长依照审核计划程序确定，审核目标或范围的任何变动应由双方协商确定。

3.2.2.3　文件审查

应对相关的管理体系文件进行审查，确定其与审核标准的符合性与适用性。

在现场审核活动开始之前，应审查审核委托方的文件资料，以确定符合审核的标准。文件资料包括相关的管理体系文件和记录，以及上一次的审核报告。

审核应考虑到组织的规模、性质以及审核的目标和范围。如果审查出现不利于审核工作进展的情况，可以推迟审核直到可以开始现场审核为止。一般情况下，可进行实地考察，了解相关信息。

发现文件资料不足，审核组长应通知审核委托方、负责管理审核计划的人员以及受审核方。在文件资料问题得到解决之前，应决定是否继续或暂停审核。

3.2.3 准备审核计划

审核计划是为促进审核工作的开展，帮助企业提供必要的审核资源。

审核组长应根据审核计划模板编写审核计划，为审核委托方、审核组和受审核方之间就开展审核工作达成协议奠定基础。审核计划应方便安排和协调审核活动。

审核计划中包含的具体内容应反映审核的范围和复杂性。审核计划应具有充分的灵活性，在初始审核和后续审核之间以及在内部审核和外部审核之间的具体内容可能会有所不同。

审核计划应包括以下几个方面：

（1）审核目标。

（2）审核标准和参考文件。

（3）审核范围，包括确定受审核的组织、职能，以及审核过程。

（4）开展现场审核活动的地点和日期。

（5）现场审核活动的预期时间和持续时间，包括与受审核方的管理层会面时间和审核组会议时间。

（6）审核组成员和相关人员的职责。

（7）向审核关键领域分配合适的资源。

审核计划还可包括以下内容：

（1）确定受审核方的审核工作代表。

（2）审核报告的主题。

（3）后勤安排。

（4）相关保密事项。

（5）后续审核活动。

对审核计划若有任何意见，审核组长、受审核方和审核委托方应协商解决，共同修改。

审核计划报告模板见表 3.14，共分为五个部分：企业信息、审核团队信息、审核信息、审核活动、审核方案。本模板适用于管理审核过程的规划，将方便安排和协调审核活动，应由审核组长编制并在开始现场审核之前经被审核方核准同意。

表 3.14　审核计划报告模板

企业信息	
名称	
地址	
部门	
联系人	
审核团队信息	
审核组长姓名及单位	
审核组成员姓名及单位	
审核信息	
目标	
范围	
日期	
审核地址	
参考文件（审核标准）	

表 3.14（续）

审核活动			
描述			
审核方案			
项目	日期	时间	企业参与方
准备会		开始时间： 结束时间：	
……		开始时间： 结束时间：	
审核总结会		开始时间： 结束时间：	
注意事项			

3.2.4　实施现场审核

3.2.4.1　现场审核要求

现场审核依照审核计划进行。审核组长应依据食品可追溯控制点及一致性准则清单进行现场审核。

3.2.4.2　现场审核要求

在现场审核开始时，应与受审核方的管理层或负责人员举行现场审核准备会。准备会的目的是：

（1）确认审核计划。

（2）简述将如何开展审核活动。

（3）确认沟通渠道。

（4）回答被审核方的提问。

3.2.4.3　收集和验证信息

在审核过程中，与审核目标和范围相关的信息，包括与职能、活动和过程相关的信息应通过适当的抽样方法收集，并应加以核实。只有可核实的信息才能视为审核证据，审核证据应记录在案。

3.2.4.4　形成审核结果

认证审核完成，审核员应审查所有结果。不符合及其证据是最重要的审核结果。审核内容应包括：

（1）对食品可追溯控制点及一致性准则清单的审查。

（2）对审核团队所作笔录的研究和比较。

（3）列出所发现的不符合。

（4）对不符合和观察结果做出处理决定。

审核结果可分为：

（1）不符合。

（2）观察项（有待改善）。

当受审核方某项追溯过程或程序未及时完成时，认定为不符合。不符合通常是由于受审核方程序缺失或者是实施的不一致性造成的。

3.2.4.5　食品可追溯控制点及一致性准则清单

食品可追溯控制点及一致性准则清单用于现场审核。该清单包括以下内容：

（1）控制点：食品可追溯控制点及一致性准则所述的控制点。

（2）一致性准则：食品可追溯控制点及一致性准则所述每一控制点的一致性准则。

（3）等级：四个一致性级别，分为强制、有条件强制、可选、推荐。

（4）完成程度：对照所提供的标准，记录控制点为符合项还是不符合。

（5）观察结果：报告观察项或不符合信息。

审核员依据食品可追溯控制点及一致性准则清单对照每一控制点审核其符合性，记录受审核方是否达到标准，提出发现的观察项和不符合。

在审核过程中审核员必须全程使用食品可追溯控制点及一致性准则清单。所记录的全部笔记、观察项和不符合将成为撰写审核报告的依据，构成审核报告的一部分。

3.2.4.6　形成审核结论

审核结论应达成一致意见。例如管理体系符合审核标准的程度，管理体系实施的有效性、管理体系的维护和改进等。

3.2.4.7　审核总结会

审核总结会应以适当的方式提供审查结论。审核组长应告知受审核方在审核过程中发现的可能降低审核结论可靠性的情况。

关于审核结论方面的任何分歧意见应在审核团队和受审核方之间进行研讨，并予以解决。如果不能解决，全部意见应记录备案。

3.2.5　编制、批准和发布审核报告

3.2.5.1　编制不符合报告

不符合报告是一份审核过程中发现的不符合的文件。该报告包括以下3 个部分：

（1）不符合信息。

（2）纠正措施信息。

（3）纠正措施监督。

不符合报告应指明需要采取的纠正措施。被审核方应在不符合报告发

出后 30 天内完成纠正，被审核方应随时告知审核委托方纠正状态。

审核团队应对不符合纠正完成情况和有效性进行跟踪验证。

不符合报告模板见表 3.15。

表 3.15　不符合报告模板

不符合信息			
控制点序号	不符合等级	不符合描述	时间
			一致性审核标准
审核员签名		负责人签名	
纠正措施信息			
观察到的情况（导致不符合的原因）			
纠正措施			
纠正责任人		纠正日期	
纠正措施监督			
接受		如果答案是否定的，写下新的不符合原由	
是	否		
观察			
审核员签名		观察日期	

3.2.5.2　编制审核报告

审核报告是通知审核结论的文件。审核报告包括以下 3 个部分：

（1）公司信息。

（2）审核团队信息。

（3）审核信息。

审核组长应负责审核报告的内容编写。审核报告应提供完整、准确和清晰的审核记录。一旦审核报告经受审核方认可，将正式提交给审核委托方审核完成。

审核涉及的文件应按照各参与方之间的协议，依照审核方案程序、法律法规和合同要求保留或销毁。

审核报告模版见表3.16。

表 3.16　审核报告模板

公司信息			
名称			
地址			
联系人			
审核团队信息			
审核组长姓名及单位			
审核组成员姓名及单位			
审核信息			
目标			
范围			
审核控制点			
审核地址			
审核日期			
参考文件（审核原则）			
不符合	强制项： 有条件强制项： 可选项： 推荐项：		

表 3.16（续）

统计表						

一致性级别	全部	不适用	最大	已达到 /%	是否通过
强制项	26	—	25		
有条件强制	21				
可选项	11				
推荐项	14				
总计	72				

注 1：全部。控制点总数。
注 2：不适用。不适用项数量。
注 3：最大。适用的控制点最大数量。
注 4：已达到。符合的控制点数量。
注 5：是否通过。是否符合审核要求。
注 6：强制项。强制项必须通过。
注 7：有条件强制项。有条件强制项必须通过。
注 8：可选项。没有最低要求。
注 9：推荐项。没有最低要求。

对标准的不符合

依据	强制项	有条件强制项	可选项	推荐项
GS1 GTS			—	
ISO 22005			—	
HACCP			—	
IFS			—	
BRC			—	
SQF			—	
ISO 9001			—	
GlobalGAP			—	

注 1：GTS 指全球可追溯性标准。
注 2：IFS 指国际推荐标准。
注 3：BRC 指英国零售协会。
注 4：SQF 指食品与安全质量标准。
注 5：GlobalGAP 指全球良好农业规范。

表 3.16（续）

可追溯一致性实施情况			
审核报告抄送			
审核组长签字		日期	

3.2.5.3　编制符合性报告

符合性报告是审核机构以汇总的方式通知审核结果的文件。

符合性报告必须由审核组长及其所在的审核机构签名。

符合性报告包含以下信息：

（1）审核机构的徽标。

（2）被审核方的名称和地址。

（3）审核依据。

（4）审核范围。

（5）结果汇总（审核报告汇总表）。

（6）报告编号。

（7）审核员编号、姓名和签名。

（8）审核日期（现场审核日期）。

（9）报告签发日期。

（10）审核机构负责人姓名和签名。

（11）审核机构的名称和地址。

符合性报告必须随附审核报告一起交给被审核方，是否公开由被审核方决定。

符合性报告模版见表 3.17。

表 3.17　符合性报告模板

接收人	
企业名称	
地址	

本符合性报告提供了由【审核机构】依照可追溯一致性认证规则所执行审核的结果的汇总。

如需获得有关本报告的范围和可追溯一致性要求的可适用性方面的进一步说明，可向审核机构查询

审核依据	
审核范围	

结果汇总	<table><tr><td>一致性级别</td><td>全部</td><td>不适用</td><td>最大</td><td>已达到 /%</td><td>合规性</td><td>是否通过</td></tr><tr><td>强制项</td><td>26</td><td>—</td><td>26</td><td></td><td>100%</td><td></td></tr><tr><td>有条件强制</td><td>21</td><td></td><td></td><td></td><td>100%</td><td></td></tr><tr><td>可选项</td><td>11</td><td></td><td></td><td></td><td>0%</td><td></td></tr><tr><td>推荐项</td><td>14</td><td></td><td></td><td></td><td>0%</td><td></td></tr><tr><td>总计</td><td>72</td><td></td><td></td><td></td><td>—</td><td></td></tr></table> 注 1：全部。控制点总数。 注 2：不适用。不适用项数量。 注 3：最大。适用的控制点最大数量。 注 4：已达到。符合的控制点数量。 注 5：是否通过。是否符合审核要求。 注 6：强制项。强制项必须通过。 注 7：有条件强制项。有条件强制项必须通过。 注 8：可选项。没有最低要求。 注 9：推荐项。没有最低要求。	

报告编号	
审核员编号	

表 3.17（续）

审核日期	年　　月　　日	审核员姓名【审核机构】	
签发日期	年　　月　　日		
审核机构（盖章）		负责人姓名【审核机构】	
地址			

3.2.5.4　完成审核并提交审核资料

提交在全部审核活动过程中收集和准备的所有资料，包括以下内容：

（1）审核计划。

（2）包含每一不符合的不符合报告。

（3）包含全部不符合和观察结果的食品可追溯控制点及一致性准则清单。

（4）符合性报告。

（5）食品可追溯控制点及一致性准则清单中证据的副本。

（6）审核报告。

3.3　内部可追溯关键控制点与外部追溯

可追溯系统的信息传递方式主要包括企业内部信息传递的链条式传递方式和由第三方负责信息汇总和管理的共享式传递方式，以满足更多相关方的追溯要求。我国目前建立的食品可追溯系统主要采用的是共享式传递方式。近年来，特别是由政府主导开发建立中央信息平台的食品追溯系统发展迅速，农业农村部在北京、山东、陕西、广东、福建等地开展了农产品质量安全可追溯系统的开发应用，商务部自 2010 年起在全国范围内开展了肉类、蔬菜流通追溯体系建设试点，目前第一、二批试点城市已经在 260 多个屠宰企业、140 多个大型批发市场、5300 多个标准化菜市场、2400 多个大中型连锁超市、7100 多个团体消费单位开展了试点，涉及 200 个肉菜品种和 15 万经营户。食品可追溯系统建立之后，其实施效果究竟如何，是否有效地发挥其功能，有必要对追溯系统的实施效力进行评价。

模糊层次分析法（FAHP 法）作为结合定性的层次分析法（AHP 法）和定量的模糊数学法的综合评价方法，已被广泛应用于各类系统的评价研究。FAHP 法适用于评价我国共享式食品可追溯系统实施效力的指标体系，对体系中各指标进行权重赋值，并利用评价体系进行实例验证。

3.3.1　共享式食品可追溯系统实施效力评价指标体系的构建

3.3.1.1　共享式食品可追溯系统的特性分析

食品可追溯系统与其他食品信息系统相比具有特殊性，追溯系统能否有效实施受到系统特性的影响，应首先对其特性进行分析。

1）技术投入持续性

食品可追溯系统以保证供应链条上的食品安全为目的，以信息追踪为核心，系统本身对技术的要求贯穿始终，这不仅包括系统软件开发及信息平台硬件建设方面的技术要求，还包括常规系统运行以及终端信息采集渠道等方面的技术要求。一方面，追溯系统的技术性决定了追溯系统的有效实施，需要物力、财力及专业技术人员大量、持续的投入，否则难以保证系统的正常运行。目前我国可追溯系统的前期建设主要依靠政府一次性投资，而后期的维护和运营往往投入有限，如四川省从 2010 年起正式启动可追溯系统建设以来，目前每个项目县补助资金仅 5 万元，投入不足难以保持系统的正常运行和充分利用。另一方面，追溯系统的技术性也决定了技术指导和知识普及的重要意义，农业合作社等基层生产者缺乏对相关设备的使用知识，习惯传统消费方式或年长的消费者不会使用指定扫描仪或通过登录网站、发送短信等方式查询，均会对系统的有效实施造成影响。

2）应急需求强

食品可追溯系统对信息采集和管理除了为满足常规的查询和跟踪以外，还有一个重要的目的就是一旦发现危害人类健康安全问题时，可以快速识别风险的起源，追踪流向，召回问题食品，切断源头，使危害的影响范围最小化，这要求食品可追溯系统需要具备应急功能。而系统应急能力的好坏，不仅受到系统可向前追溯的深度、追溯信息覆盖面的宽度和精确度的影响，还受到追溯信息获取的方便性和及时性的制约。

3）参与主体多样复杂

目前我国食品供应链条上从田头到餐桌各环节错综复杂，因此食品可追溯系统涉及的相关主体具有多样性的特征，这既包括政府监管部门，也包括生产、流通和销售环节的各企业，还包括广大消费者。因此，可追溯系统的有效实施受到多方参与主体行为的影响。首先，供应链上的企业具有多样性，特别是小农户生产者和小作坊经营者数量众多，造成对生产环节和流通环节的追溯信息采集量大、涉及面广、难度大、信息作假难以察觉。其次，在政府补贴有限的情况下，追溯系统的建设无疑会增加供应链上各企业的标识购买、信息采集、录入、查询等成本，如果追溯系统不能给企业带来更高的溢价和品牌竞争力，就容易导致企业实施主体积极性不高，特别是作为食品安全的第一责任主体，个别企业为了逃避责任，也不愿加入追溯系统。强制条件下，企业由于缺乏参与动机，极易影响追溯系统信息的真实性和可靠性，进而影响系统实施的效力，反过来低效的系统更加难以为企业增值，从而造成恶性循环。最后，消费者的态度、认知和购买行为影响系统实施效果。国内不少学者研究了各地消费者对可追溯食品的认知、购买意愿和行为，发现消费者虽普遍关注食品安全问题，但对可追溯性食品的认知程度不高，对可追溯食品的支付意愿也不高，价格仍然是购买的决定因素。消费者对追溯系统的认可和满意度又进一步影响了企业的积极性。

3.3.1.2　基于 FAHP 法建立共享式食品可追溯系统实施效力评价体系

共享式食品可追溯系统具有技术复杂、涉及主体多和应急性强的特点。层次分析法可以很好地把定性方法与定量方法有机地结合起来，将复杂评价体系进行分解，运用层次的权重决策对层次结构评价模型进行分析，而模糊评价法根据模糊数学的隶属度理论把评价体系定性指标评价转化为定量评价，采用模糊数学可以对受到多种因素制约的追溯系统作出一个总体的评价，使评价结果清晰。

基于模糊层次分析法，对食品可追溯系统建立三层次评价模型，分别是总目标层、一级评价指标层和二级评价指标层，如表 3.18 所示。评价体系的一级评价指标层包括三个方面的考核，包括追溯系统的作业能力、快速响应能力和增值能力。

表 3.18　共享式食品可追溯体系实施效力评价指标体系及指标赋值说明

总目标层	一级评价指标层	二级评价指标层	指标评价说明
食品可追溯系统实施效力评价指标体系 A	追溯系统的作业能力 B_1	系统设备总利用率 C_{11}	很高 = 优，较高 = 良，一般 = 中，较低 = 劣，很低 = 差
		系统内产品追溯标识使用率 C_{12}	很高 = 优，较高 = 良，一般 = 中，较低 = 劣，很低 = 差
		年均信息维护频率 C_{13}	很高 = 优，较高 = 良，一般 = 中，较低 = 劣，很低 = 差
		专业技术人员比例 C_{14}	很高 = 优，较高 = 良，一般 = 中，较低 = 劣，很低 = 差
		终端查询技术普及率 C_{15}	很高 = 优，较高 = 良，一般 = 中，较低 = 劣，很低 = 差
	追溯系统的快速响应能力 B_2	追溯信息深度 C_{21}	追溯至生产者 = 优，追溯至加工者 = 良，追溯至流通者 = 中，追溯至销售者 = 劣，无法追溯 = 差

表 3.18（续）

总目标层	一级评价指标层	二级评价指标层	指标评价说明
食品可追溯系统实施效力评价指标体系 A	追溯系统的快速响应能力 B_2	追溯信息宽度 C_{22}	非常全面＝优，比较全面＝良，一般全面＝中，比较不全面＝劣，很不全面＝差
		追溯信息精确度 C_{23}	非常准确＝优，比较准确＝良，一般准确＝中，比较不准确＝劣，非常不准确＝差
		追溯信息获取便利性 C_{24}	非常便利＝优，比较便利＝良，一般便利＝中，比较不便利＝劣，非常不便利＝差
		追溯信息获取及时性 C_{25}	非常及时＝优，比较及时＝良，一般及时＝中，比较不及时＝劣，非常不及时＝差
	追溯系统的增值能力 B_3	相关食品发生安全问题年度发生率 C_{31}	明显降低＝优，略有降低＝良，无明显变化＝中，略有增高＝劣，明显增高＝差
		相关监管部门的公信力 C_{32}	明显增高＝优，略有增高＝良，无明显变化＝中，略有降低＝劣，明显降低＝差
		相关主体经济效益增长 C_{33}	明显增高＝优，略有增高＝良，无明显变化＝中，略有降低＝劣，明显降低＝差
		企业相关产品竞争力 C_{34}	明显增高＝优，略有增高＝良，无明显变化＝中，略有降低＝劣，明显降低＝差
		消费者认知度 C_{35}	熟知＝优，比较了解＝良，知道＝中，比较不了解＝劣，不知道＝差
		消费者相关追溯产品购买意愿 C_{36}	很愿意购买＝优，比较愿意购买＝良，可以购买＝中，比较不愿意购买＝劣，很不愿意购买＝差

表 3.18（续）

总目标层	一级评价指标层	二级评价指标层	指标评价说明
食品可追溯系统实施效力评价指标体系 A	追溯系统的增值能力 B_3	消费者对追溯系统的使用程度 C_{37}	经常使用＝优，有时使用＝良，很少使用＝中，使用过一次＝劣，从未使用＝差
		消费者满意度 C_{38}	非常满意＝优，比较满意＝良，基本满意＝中，比较不满意＝劣，非常不满意＝差

1）追溯系统的作业能力

追溯系统的作业能力是根据追溯系统技术投入持续性的特征而设立的，是评价追溯系统在实施过程中是否能够持续保持正常运行的基本性能指标，是完成追溯功能所必须具备的能力。二级评价指标层包括系统设备和追溯标识的使用情况、追溯信息的维护情况、技术投入是否完备，包括软硬件设施管理、处理应急问题等专业人员占全部人员的比例，以及可追溯食品的销售终端如超市、农贸市场等设立查询设备的配备度等。

2）追溯系统的快速响应能力

追溯系统的快速响应能力主要是针对系统的应急性特征，即当实施主体需要从系统中获取必要信息时，系统是否能够全面、准确、及时、方便地提供相关信息，特别是在发生食品安全事件时，是否可以根据系统提供的信息，及时追溯到责任主体，进行产品召回，完成一次追溯功能。二级评价指标层的设定参考了戈兰对追溯系统深度、宽度和精确度的度量理论，并对获取信息的便利性和及时性进行了要求。

3）追溯系统的增值能力

鉴于追溯系统参与主体众多且复杂，各主体的参与度是影响追溯系统是否能够有效实施的重要因素。反之，追溯系统的实施效果是否能为各主体带来利益，又会影响到各主体参与的积极性。因此，评价追溯系统的实施效力，还需要评估追溯系统是否能够为主体各方提供更多益处，呈现多赢的局面，实现系统发展的良性循环。对系统的增值能力进行评价，针对政府监管部门、实施企业和消费者三大主要参与主体展开调查。在政府方面，由于政府是目前共享式可追溯系统的主要建立者，其建立系统的根本目的就是提高食品安全信息的透明度，减少食品安全事故发生率，并最终提高政府的公信力。屡次发生的食品安全事件使得政府的公信力受到质疑，可追溯系统的建立是否可以通过降低食品安全风险而提高公众对政府的信任，是政府监管部门关注的问题。在参与企业方面，企业是追溯系统能否有效实施的重要相关方，他们的行为很大程度上决定了系统实施的有效性，而作为系统的被动参与者，其积极性的调动程度是系统能否正常运行和发挥功能的制约因素。如果追溯系统在保障食品安全的同时，能够为企业带来增值，如企业加入系统后相关产品年均销售总额比加入前明显增长，追溯系统对企业品牌知名度、美誉度以及市场份额变化等方面产生了正向影响等，则可有效激发企业主体的积极性。在消费者方面，追溯系统的增值能力还包括系统能否令消费者满意并认可追溯系统，而消费者对追溯食品的购买行为，又会进一步影响相关产品的增值能力和企业的积极性。

综上，所制定的食品可追溯系统实施效力评价指标体系共由 3 个一级评价指标层和 18 个二级评价指标层构成，指标的主观测量利用 5 级语义学标度，分别为优、良、中、劣、差，表 3.18 中对各指标标度的含义进行了说明。为了便于计算，我们将主观评价的语义学标度进行量化，并依次赋值为 5、4、3、2、1，追溯系统实施效力高低按照得分高低进行评定，评价定量分级标准见表 3.19。

表 3.19　系统综合评价定量分级标准

评价值（X_i）	评价等级
$4 < X_i \leq 5$	高效
$3 < X_i \leq 4$	较高效
$2 < X_i \leq 3$	一般
$1 < X_i \leq 2$	较低效
$X_i \leq 1$	低效

3.3.2　共享式食品追溯系统实施效力的评价

3.3.2.1　指标权重的确定

实际评价时，运用指标体系对评价对象作出综合评价，必须考虑各指标因素对共享式食品追溯系统实施效力综合评价的贡献大小，即指标的权重。根据 FAHP 法的设置原则，首先在一级评价指标层和二级评价指标层内构造判断矩阵，判断矩阵元素的值反映了人们对各因素相对重要程度的认识，通过采取专家打分的形式，用数字 1~9 标度法判定两两要素相比时前者比后者的重要程度，从而构造出判断矩阵。各指标权重的计算方法为：首先计算 n 阶判断矩阵一行各元素乘积的 n 次方根，之后进行归一化处理得到特征值 W_i，从而得到权重向量 $W=(W_1, W_2, \cdots, W_n)^T$。

$$其中，W_i = \frac{\left(\prod_{j=1}^{n} a_{ij}\right)^{\frac{1}{n}}}{\sum_{i=1}^{n}\left(\prod_{j=1}^{n} a_{ij}\right)^{\frac{1}{n}}}(i = 1, 2, \cdots, n)$$

式中，a_{ij} 为各判断矩阵元素。

由于评价目标的复杂性，而人为判断又有可能带有很强的主观色彩，为避免产生矛盾，所以需要进行一致性的检验，只有通过一致性检验的权重才可被使用。对于构造的 n 阶矩阵 A，一致性指标为：

$$CI = \frac{\lambda_{\max} - n}{n - 1}$$

其中，$\lambda_{\max}$ 为判断矩阵的最大特征值，计算公式为：

$$\lambda_{\max} = \frac{1}{n}\sum_{i=1}^{n}\frac{(AW)_i}{W_i} = \frac{1}{n}\sum_{i=1}^{n}\frac{\sum_{j=1}^{n} a_{ij}W_j}{W_i}$$

将 CI 值与已有平均随机一致性指标（RI）的比值来检验矩阵的一致性，若比值小于 0.1，则说明判断矩阵具有满意的一致性。反之，则需要进行调整。

根据专家对两两指标之间重要程度进行打分的结果，通过计算得到评价指标的权重表，见表 3.20，并对各阶权重指标进行了一致性检验，比值均小于 0.1，满足一致性要求，因此权重指标集可以接受。

表 3.20　共享式食品可追溯体系实施效力评价指标权重表

一级评价指标层	权重（$\overline{W}$）	二级评价指标	权重（W_i）
追溯系统作业能力 B_1	0.1634	系统设备总利用率 C_{11}	0.3229
		系统内产品追溯标识使用率 C_{12}	0.2446
		年均信息维护频率 C_{13}	0.1405
		专业技术人员比例 C_{14}	0.1065
		终端查询技术普及率 C_{15}	0.1855
追溯系统快速响应能力 B_2	0.2970	追溯信息深度 C_{21}	0.1429
		追溯信息宽度 C_{22}	0.1429
		追溯信息精确度 C_{23}	0.1429
		追溯信息获取便利性 C_{24}	0.2857
		追溯信息获取及时性 C_{25}	0.2856
追溯系统增值能力 B_3	0.5396	相关食品发生安全问题年度发生率 C_{31}	0.1915
		相关监管部门的公信力 C_{32}	0.0621
		相关主体经济效益增长 C_{33}	0.1726
		企业相关产品竞争力 C_{34}	0.0738
		消费者认知度 C_{35}	0.0958
		消费者相关追溯产品购买意愿 C_{36}	0.1044
		消费者对追溯系统的使用程度 C_{37}	0.1242
		消费者满意度 C_{38}	0.1756

3.3.2.2　隶属矩阵和评价值的计算

在获得各指标权重集之后，可开始针对具体追溯系统进行评价，完成隶属矩阵的统计及填写。由于追溯系统涉及的相关主体众多，需寻找政府监管部门、参与企业以及消费者等主体分别对相关指标进行评价，按照表 3.18 所示的 5 级评语集（优、良、中、劣、差）进行评判，综合二级指标层下各指标的所有评语集，形成 3 个隶属矩阵 R_1、R_2 和 R_3，然后结合二级指标层各指标权重，分别计算 $B_i=W_i \times R_i$（i=1，2，3），获得二级指标因素的隶属矩阵 R 之后结合一级指标层各指标权重，计算 $A=W \times R$，从而得到评价者在综合各种因素后对被评价系统作出的最终隶属度值。

根据我们对评语集 1~5 的赋值，对 B_i 进行归一化处理后，可以分别计算出一级指标层下追溯系统的作业能力、快速响应能力以及增值能力对应的实施效力等级，而对 A 进行归一化处理后，就可以计算出追溯系统的综合实施效力等级。

3.3.2.3　实证评价

以具体的共享式追溯系统为例，利用所构建的追溯效力评价体系对其进行了评价验证。我国 F 省某市学习借鉴了北京、南京、杭州等地农产品质量安全追溯系统的建设经验，按照"生产有记录、产品有检验、包装有标识、质量可追溯"的要求，结合自身的实际条件，以公开招标的方式进行追溯平台和软件系统的设计和开发。于 2011 年底建立了共享式农产品质量安全追溯系统。该系统涵盖了市、区（县）两级农产品质量安全，优先选择当地四家蔬菜专业合作社作为追溯试点展开工作。监管部门可通过对辖区内农业企业和合作社进行备案，掌握监管对象的基本信息；通过统一编码规则自动生成追溯标签，了解统计标识的打印和使用情况；通过市场标识查验，掌握农产品的来源与流向。获得备案资格的农业企业和合作社可以通过系统分配的用户名登录农产品质量安全追溯信息平台，建立自己的企业空间，填写企业基本信息以及生产档案，同时还可以进行企业品牌文化等个性宣传。消费者方面，追溯系统建立了统一的查询窗口，消费者可在智能手机上安装二维码扫描软件，扫描产品包装上的二维码追溯标签，即可直接查询到产品及其生产企业的各类信息。

利用所建立的评价体系，对该追溯系统在 2011 年—2012 年一年的实施效力进行了评价。研究的数据来源于 2012 年 12 月对该市相关监管部门、参与企业和消费者的问卷调查和深入访谈。对监管部门和参与企业主要采取了面对面交流结合问卷调查的方式，对消费者的调研主要采取问卷调查的方式，调查区域主要位于出售贴有追溯标识农产品的几大连锁超市周围，共发放问卷 180 份，回收有效问卷 146 份。调查显示，94.5% 的消费者表示关注食品安全，71.2% 的消费者表示知晓追溯制度，了解的途径包括在报纸、电视新闻、网络、超市等载体或场所看到过或经店员介绍了解标签等。

根据对三个参与主体调查数据和访谈内容的汇总，按照 5 级评判标准对评语集进行分类，追溯系统的作业能力 B_1、快速响应能力 B_2 以及增值能力 B_3 各指标的评语集形成了三个隶属矩阵 $\boldsymbol{R}_1$、$\boldsymbol{R}_2$、$\boldsymbol{R}_3$，分别为：

$$\boldsymbol{R}_1 = \begin{vmatrix} 0.780 & 0.22 & 0 & 0 & 0 \\ 0.780 & 0.22 & 0 & 0 & 0 \\ 0 & 0.40 & 0.60 & 0 & 0 \\ 0 & 0.40 & 0.60 & 0 & 0 \\ 0 & 0.20 & 0.80 & 0 & 0 \end{vmatrix}$$

$$\boldsymbol{R}_2 = \begin{vmatrix} 0.31 & 0.25 & 0.31 & 0.06 & 0.06 \\ 0.25 & 0.60 & 0.10 & 0.05 & 0 \\ 0.15 & 0.70 & 0.10 & 0 & 0.05 \\ 0.13 & 0.69 & 0.06 & 0.12 & 0 \\ 0.13 & 0.75 & 0.06 & 0.06 & 0 \end{vmatrix}$$

$$\boldsymbol{R}_3 = \begin{vmatrix} 0 & 0.02 & 0.54 & 0.32 & 0.12 \\ 0.09 & 0.36 & 0.53 & 0 & 0.02 \\ 0 & 0 & 1 & 0 & 0 \\ 0.50 & 0.25 & 0 & 0.25 & 0 \\ 0.01 & 0.03 & 0.32 & 0.02 & 0.62 \\ 0.24 & 0.36 & 0.38 & 0.02 & 0 \\ 0 & 0 & 0.01 & 0.06 & 0.93 \\ 0.06 & 0.25 & 0.57 & 0.11 & 0.01 \end{vmatrix}$$

结合二级指标层各指标权重，计算得到 B_1、B_2 以及 B_3 的评价集，分别进行归一化处理后，可得：

B_1=（0.4426，0.2608，0.2966，0，0）

B_2=（0.1760，0.6337，0.1073，0.0673，0.0157）

B_3=（0.0790，0.1290，0.4806，0.1105，0.2009）

根据我们对评语集 1~5 的赋值，可计算出 B_1、B_2 及 B_3 的实施效力分值，分别得到 4.15、3.89 和 2.77，根据表 3.19 的评价定量分级标准，说明被研究的系统具有优良的基本作业能力，良好的快速响应能力，但系统增值能力目前处于一般的水平。

结合一级指标层各指标权重，可计算得到追溯系统的综合实施效力 A 的评价集，进行归一化处理后，可得：

A=（0.1627，0.2915，0.3470，0.0812，0.1176）

进一步赋值计算得到该追溯系统的综合实施效力分值为 3.3，根据表 3.19 的评价定量分级标准，该系统的实施效力等级为较高效。

综上所述，评价体系认为 F 省某市的农产品质量安全追溯系统总体上实施效力较为高效，即：它具有优良的基本作业能力和平台建设、良好的快速响应能力、能够较好地提供追溯信息，但在提高监管部门公信力以及消费者认知和满意度方面，仍有待完善。这与我们实际调研了解的情况基本相符。监管部门对企业信息核查和管理投入了大量的时间和精力，平均每月要对系统进行二次维护，整个系统运行良好，获得备案资格的农业企业和合作社提供了包括播种记录、施肥记录、灌溉信息、病虫害防治以及采收记录在内的较为详细的生产信息，信息完整准确。同时，生产企业每天只有通过农药残留等常规产品检测，才可以打印出条码 / 二维码追溯标识，这在一定程度上保障了农产品的质量安全。但是在对消费者的调查中发现，仅有 35.6% 的消费者表示知道所调查的农产品质量安全追溯系统，71.2% 的消费者没有相关购买经历，92.5% 的消费者从未扫描过追溯二维码进行信息的查询，这都说明该追溯系统在实施的这一年多时间里，消费者对其认知度、购买度以及使用度均有待进一步提高。

3.4 GTC 与 HACCP 和 ISO 9001 的关系

3.4.1 GTC 与 HACCP

GTC 清单包含一些控制点，这些控制点包括在 HACCP（危害分析和关键控制点）标准中，食品行业广泛知晓、使用和要求，并在 ISO 22000：2018《食品安全管理体系　食品链中任何组织的要求》中考虑。表 3.21 列出了 GTC 清单与 HACCP 可追溯性要求和条款之间的交叉引用。

表 3.21　GTC 清单与 HACCP 可追溯性要求和条款之间的交叉引用关系

组成	GTC 控制点	总参考控制点
1. 目标	N/A	
2. 产品定义	2.1[a]，2.4[b]	
3. 供应链布局	3.2[c]	
4. 程序建立	4.1，4.8	
5. 物流	5.10	
6. 信息要求	6.9，6.11	
7. 文件要求	7.1[d]，7.3	12
8. 结构和职责	N/A	
9. 培训	N/A	
10. 供应链协作	10.3，10.4	
11. 监控	N/A	
12. 内部和外部审核	N/A	

[a]　HACCP 要求识别，但不是所有贸易项目在发货时都需要编码。

[b]　HACCP 要求识别，但不是所有影响贸易项目安全的食品和原材料都需要编码。

[c]　HACCP 要求识别，但不是所有影响贸易项目的服务都需要编码。

[d]　HACCP 要求对贸易项目要有详细的描述。

3.4.2　GTC 与 ISO 9001

ISO 9001：2015《质量管理体系　要求》规定了质量管理体系的要求，组织需要证明其有能力持续提供满足顾客和适用法律法规要求的产品，并通过有效应用该体系来提高顾客满意度，包括体系持续改进的过程，确保符合顾客和适用的法律法规要求。GTC 清单与 ISO 9001：2015 标准的可追溯性要求和条款之间的交叉引用关系见表 3.22。

表 3.22　GTC 清单与 ISO 9001：2015 的可追溯性要求和
条款之间的交叉引用关系

组成	GTC 控制点	总参考控制点
1. 目标	1.1，1.2，1.4	23
2. 产品定义	2.3	
3. 供应链布局	3.2，3.5，3.7	
4. 程序建立	4.1，4.6，4.8	
5. 物流	5.6	
6. 信息要求	6.9，6.12	
7. 文件要求	7.1，7.2，7.3，7.4	
8. 结构和职责	N/A	
9. 培训	9.1	
10. 供应链协作	10.1，10.2	
11. 监控	N/A	
12. 内部和外部审核	12.1，12.2，12.3	

第 4 章

基于 GS1 标准建立食品供应链的可追溯方法研究

GS1 标准可通过唯一标识，自动识别和数据共享有关产品、位置、资产等重要信息，为企业提供共同的数据基础。企业还可以结合不同的 GS1 标准来简化业务流程。GS1 系统建立了一套全球统一的编码体系称为 GS1 识别码，具有对属性数据进行编码的能力（例如序列号、最晚日期、批号或批号）。标识是 GS1 系统的基础，通过条形码、产品电子代码（EPC）/RFID 标签、电子邮件或网络进行通信；使用标识有助于促进供应链的有效管理。

本章介绍 GS1 标准的三个基础——标识、采集、数据交换，可以为所有相关方提供有效的供应链过程。它不仅允许跟踪在供应链中移动的物料，而且还允许在内部系统中以及贸易伙伴之中查询有关这些物料的信息流。

4.1 利用 GS1 标准的三个基础

GS1 标准基于三个关键基础，如图 4.1 所示。

标识：使用 GS1 编码标识标准（即唯一编码标准）对公司、位置、商品、物流运输、包装、资产、服务等对象的标识。

采集：使用自动识别技术（例如条形码扫描、射频识别技术）采集公司、位置、商品等唯一标识。

数据交换：使用计算机网络和信息交换标准以标准化方式在企业内部以及与贸易伙伴共享有关对象、物品、产品和位置的信息。

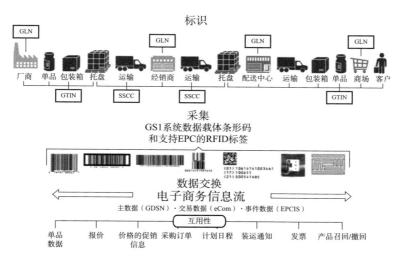

图 4.1　GS1 标准的综合视图（标识、采集和数据交换）

GS1 标准通常被称为"通用业务语言"，它提供了支持可追溯性业务流程所需的框架。行业内最佳实践实施指南是基于 GS1 全球可追溯性标准（GTS）。GS1 全球可追溯性标准还定义了必须采集、记录和数据交换的基本信息，以确保"一步向上，一步向下"的可追溯性。它定义了可追溯性所需数据的最低要求，和所选择的技术无关，该标准适用于各种规模和地区的公司。

4.1.1　标识

贸易项目是需要检索预定义信息的任何项目（产品或服务），并且可以在任何供应链的任何位置进行定价、定购或开票。此定义涵盖从原材料到最终用户产品的服务和产品，所有这些都可能具有预定义的特征。贸易项目的识别和标记可以实现销售点［通过价格查询（PLU）文件］收货、库存管理、自动重新订购、销售分析以及各种其他业务应用程序的自动化。每个在设计或内容上与另一个不同的交易项目都给分配唯一的标识号，只要它被交易，这个标识号就能保持不变。共享中关键特征的所有交易项目都有相同的标识号。这些数字必须在整个供应链中进行完整的处理。

图 4.2 举例说明了由条形码下面的数字表示的 GS1 标识号。其中，数字表示商品或产品的唯一标识符，称为全球贸易项目代码（GTIN）。

图 4.2　GTIN-13 示例

全球物流网络使供应链中使用的物理位置以及各方的独特和明确的识别成为可能。以这种方式进行识别是贸易伙伴之间进行有效电子商务［例如电子数据交换（EDI）、电子目录］的先决条件。GLN 是由 GS1 公司前缀、位置引用和校验数字创建的 13 位数字。

任何属于 GS1 成员的公司或组织，均可根据其成员资格条款，使用 GLN 识别地点。

GTIN 是一种以标准化进行全球唯一识别的方法，用于识别在供应链中交易的项目或产品。如果需要准确地标识、订购、开票、标价或接收产品，就可使用 GTIN 来实现这一点。

通常，品牌所有者负责将 GTIN 分配给一个项目或产品。如果该公司是品牌所有者，第一步是联系当地的 GS1 成员组织并申请 GS1 公司前缀。GS1 公司前缀在全球范围内唯一的标识一个组织，并作为在该组织所有包装配置的产品目录中标识每个产品的基础。图 4.3 列举了构成 GTIN 一部分的 GS1 公司前缀（9501101）（注：组成公司前缀的位数在不同 GS1 成员机构之间有所不同）。

图 4.3　GS1 公司前缀

肉类和家禽供应链具有不同于一般食品杂货的产品特性，因此需要额外的 GTIN 分配指导。除了常规的 GTIN 分配规则外，肉类和家禽供应商和品牌所有者应根据以下具体规则分配 GTIN：

（1）为每个产品 / 项目分配一个单独的 GTIN。

（2）为每一种不同的包装类型分配一个单独的 GTIN，如准备好卡托、托盘和商店加工的产品。

（3）为产品销售的每一种主要制冷状态分配一个单独的 GTIN（例如：如果产品通常以冷藏和冷冻状态销售，则为每种制冷状态分配一个不同的 GTIN）。

（4）当具有不同营销主张或生产方法的产品批次是购买者的重要营销特征（例如自由放养与传统家禽相比）时，将单独的 GTIN 分配给这些批次。

（5）为每个不同的物流单元（如托盘）和纸箱 / 箱配置单独的 GTIN。

系列贸运包装箱代码（SSCC）是一个独特的识别代码，可以被公司用来标识一个物流单元。一个物流单元是一个托盘或打包在一起的箱子或纸箱，用于储存和 / 或运输。SSCC 为物流单元提供跟踪和跟踪选项，以实现高效的订单和运输管理、自动交付以及收货。

SSCC 可以编成条形码，确保物流单元在贸易伙伴之间通过供应链的移动能够被准确、便利地识别。当 SSCC 数据以电子方式交换时，允许供应链伙伴共享关于物流单元在运输过程中的状态的重要信息，并提供到重要装运信息的可靠链接。由于"货物安全控制中心"为交付货物提供一个独特的号码，因此，该号码也可用作查询号码，以提供有关货物内容的详细资料，以及作为发送通知程序的一部分。

4.1.2 采集

在采集条形码或 RFID 标签中编码信息方面，GS1 数据载体用于自动识别和数据采集（AIDC）。这就涉及使用扫描设备，通常是条形码扫描仪或 RFID 阅读器。编码数据是标识物料或产品的信息，用于不同的业务流程和贸易伙伴要求。尽管每个包装层级都可以唯一标识商品或产品，但数据通常会提供其他商品的信息，例如批号或批号信息，从而使商品或产品在整个供应链中实时可见。

GS1 条形码是可以使用激光或基于摄像头的系统进行电子扫描的标识。它们用于编码信息，例如产品编号、序列号以及批次、批次号。条形码在供应链中起着关键作用，使诸如零售商、制造商、运输服务商在内的各方能够使产品在整个供应链中移动时被自动识别和跟踪。

GS1 管理多种类型的条形码。每个设计用于不同的情况。

EAN/UPC 条形码几乎印在世界上所有的消费品上，是 GS1 条形码中历史最悠久、使用最广泛的。

EAN-13

UPC-A

图 4.4　EAN/UPC 条形码类型

条形码（DataBar）通常用于标记新鲜食品。除了在销售点使用的其他属性（例如物品重量）之外，这些条形码还可以保存诸如物品的批次或批号或有效期之类的信息。GS1 DataBar 系列总共由 7 个符号组成：4 个用于销售点；3 个不用于销售点。销售点使用的 GS1 DataBar 的类型如图 4.5 所示。

(01) 2 0 0 1 2 3 4 5 6 7 8 9 0 9

DataBar 全向型

(01) 9 0 6 1 4 1 4 1 0 0 0 0 1 5 (3202) 0 0 0 1 5 0

DataBar 扩展型

图 4.5　GS1 DataBar 的类型

　　GS1-128 和 ITF-14（图 4.6 所示）是用途广泛的一维（1D）条形码，可通过全球供应链跟踪物品。GS1-128 条形码可以携带任何 GS1 ID 密钥、序列号、有效期等信息。ITF-14 条形码只能保存全球贸易项目代码（GTIN），适合在瓦楞纸上打印，见图 4.6。

09501101530003

ITF-14

(01) 0 9501101 53000 3 (17) 140704 (10) AB-123

GS1-128

图 4.6　一维条形码类型

二维（2D）条形码看起来像正方形或矩形，包含许多小的单个点。单个二维条形码可以保存大量信息，即使以小尺寸打印或蚀刻到产品上也可以清晰辨认。从制造和仓储到物流和医疗保健，二维条形码广泛用于各行各业。

肉类和家禽业中的贸易项目通常是可变度量，因为生产过程会导致同一产品的重量范围很宽，或者产品的创建是为了满足指明特定数量或质量的特殊订单。

如果某个贸易项目的度量在供应链中的任何点都是可变的，则将其视为可变度量贸易项目。例如，供应商可以按箱的数量和按质量计的发票来出售的肉。因每个纸箱的质量不同，客户因此（在此示例中为零售商）可能需要知道纸箱的确切数量，才能组织其到商店的配送。在此示例中，供应商通过使用可变度量全球贸易项目代码（GTIN）和可变权重元素字符串来标记贸易物料。

GS1–128 条形码是对包装箱、物流单元（例如托盘）和可重复使用的包装或运输设备（可退回资产）上的产品数据进行编码的条形码。GS1–128 条形码在管理产品信息（包括应用程序标识符）的共享方面十分有优势，可以快速准确地跟踪整个供应链中的库存。可以编码到 GS1–128 条形码中的信息类型包括截止日期、批次或批次号、序列号和 SSCC，这为在整个供应链中运输的产品增加了安全性和可持续性。图 4.7 的条形码包含了产品和应用程序标识符的唯一标识符（3101）质量（13）– 包装日期（21）– 序列号。

(01)99316710123453(3101)000262(13)140417(21)1012345678

图 4.7　GS1–128 条形码

4.1.3　数据交换

由于条形码的可追溯性信息有限，因此可以通过电子和实时可追溯性方法交换其他信息。GS1 eCom 提供了电子商务信息传递的全球标准，该标准允许在贸易伙伴之间以电子方式自动传输约定的业务数据。这种自动化确保以快速、高效和准确的方式进行交换。

GS1 当前具有两组补充的 eCom 标准，GS1EANCOM® 和 GS1 XML。GS1EANCOM® 是 GS1 eCom 电子数据交换（EDI）标准，将以电子方式发送的信息与货物的实际流程集成在一起，GS1 eCom 数据流向见图 4.8。

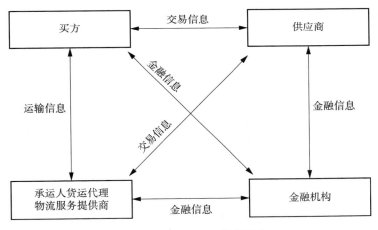

图 4.8　GS1 eCom 数据流向

发货通知（DESADV）是从供应商发送到接收者（通常是贸易伙伴）接收的电子数据文件。例如，零售商可以处理 DESADV 以获取有关使用 SSCC 标识的物流单位（例如托盘）的信息。反过来，SSCC 可能包含以下信息：物流单元上加载的商品的 GTIN、序列号、物流单元上的项目 / 纸箱的批次或批次号、物流单元中的项目数（计数）。

当能够使用 DESADV 的零售商收到货件时，只需要扫描货件中物流单元的 SSCC，而无需扫描货件中的每个纸箱以获取有关整个货物的信息。使用 DESADV 时，应遵循标准化的流程和规程。

DESADV 是关于待发货的通知，类似于装箱单。DESADV 可用于列出货物运输的内容以及与该货物有关的其他信息，例如订单信息、产品描述、物理特性、包装类型、标记、承运人信息以及货物的配置信息。货物在运输设备内，DESADV 使发送方能够详细地描述货运的内容和配置，并有序且灵活地传达信息。

物品电子编码信息服务（EPCIS）提供从农场到叉子的可见性。EPCIS 是 GS1 的新兴数据交换标准，提供了改善业务流程、遵守法规、提高消费者安全性和满足客户需求的可见性。可以利用 EPCIS 来标识和数据共享有关肉类价值链的所有相关业务流程的信息，例如屠宰、加工、包装和接收基于批次或批次号以及序列化产品，如图 4.9 所示。

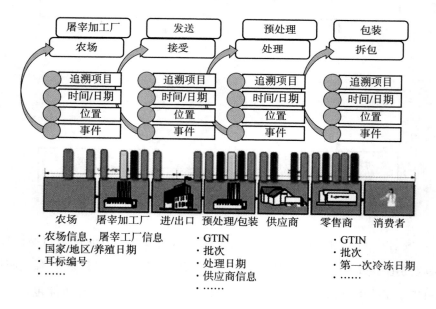

图 4.9 带有动态数据的 EPCIS 事件维度

以屠宰流程为例，EPCIS 事件数据记录了被屠宰的特定动物（什么）、屠宰的日期和时间（何时）、业务步骤"屠宰"（为什么）和屠宰场的位置（何处）。

EPCIS 定义了与其他供应链涉众共享可见性事件数据的接口。与

EPCIS 配套的标准是核心业务词汇表（CBV），定义了一组广泛的业务流程和场景的数据值。CBV 用于填充 EPCIS 事件，以确保所有贸易伙伴对该信息的业务含义有共同和一致的理解。

4.2　在牛肉供应链建立 GS1 追溯指南

4.2.1　牛肉供应链的可追溯性

贸易伙伴在牛肉供应链中扮演一个或多个角色。牛肉供应链模型是应用 GS1 系统进行牲畜可追溯性的最佳实践模型，同时符合常见的监管要求。用作贸易项目的禽畜的追溯信息应包含以下信息：

（1）养殖牛个体或群体动物识别码。

（2）牛的生产信息，如年龄（出生日期或出生月份 / 年份）、出生地区或国家、育肥和肥育。

（3）饲料（谷物和补品）的批次 / 批次号和通过供应文件的质量鉴定。

（4）显示饲养的运输批次信息。

（5）养殖牛的医疗信息。

以上所有信息均可使用 GS1 eCom 标准（如 EANCOM 发送通知消息）以电子邮件形式发送。

在销售点作为零售单元的交易对象应包含以下追溯信息：

（1）若冷冻肉体部分被视为贸易物品，则使用应用程序标识 AI（01）GTIN（全球贸易物品编号）和 AI（10）批次或批次号或 AI（21）序列号进行唯一标识，将该冷冻肉体与单个动物 ID 连接起来。

（2）如果将冷冻肉体部分视为一个逻辑单位，则使用将冷冻肉体部分与单个动物标识或动物群相连接的 SSCC 进行唯一标识。

（3）日期、时间、批 / 地段、物业或供应牲口的物业、市场资格、重量及品质（例如：肉质等级）。

政府或当局签发的屠宰场 / 分类包装场所设施登记号。

在与屠宰场不同的地方进行分类包装的场所，信息需要从屠宰场传递到分类包装场所。该信息通常需要使用托运的监管转移文件。

以上所有信息均可使用 GS1 eCom 标准（如 EANCOM 发送通知消息）以电子邮件形式发送。不同包装类型的定义及产品样本见表 4.1。

表 4.1　不同包装类型的定义及产品样本

包装类型	定义	产品样本
冷冻肉部分	由加工者供应给出口商、进口商、增值商、分销商、批发商、食品服务经营者或零售商的整块冷冻肉。有些产品可能会被包裹或有其他的外层覆盖方法	新鲜的部分牛肉块；新鲜牛肉的腿
冷冻体整体及部分	由加工者供应给出口商、进口商、增值商、分销商、批发商、食品服务经营者或零售商的整块冷冻肉。有些产品可能会被包裹或有其他的外层覆盖方法	整个牛肉
捕捉 / 固定质量纸箱新鲜或冷冻产品	质量可变的纸箱产品，其中有严格的公差最小和最大的质量范围。这种包装可采用分层包装、真空包装以及其他方式包装	22.7 公斤冷冻牛肉包装箱；真空包装原始切割；加工肉类
质量可变纸箱新鲜或冷冻产品	质量可变的纸箱产品，其中有大的公差最小和最大的质量范围。这种包装可采用分层包装、真空包装或其他方式包装	13.6 公斤冷冻牛腰肉包装箱；真空包装原始切割；加工肉类
固定质量散装新鲜或冷冻牛肉	固定质量散装包装，通常是一个聚乙烯内衬和有盖子的托盘大小的集装箱，可容纳 1000 公斤的牛肉	1000 公斤冻牛肉

大多数贸易项目都有一个分配给 GTIN 的贸易伙伴（处理商）。在贸易伙伴拥有多个加工场地的情况下，通常对同一产品使用相同的 GTIN，而不考虑加工场地。为了确保对特定的处理场地保持可追溯性，贸易伙伴使

用 GTIN 中的应用程序标识符来保持对相应处理设施的可追溯性。

如果产品是为特定的第三方包装的，如产品品牌所有者以及产品品牌所有者可以分配使用的 GTIN。这可能包括使用 GTIN 的应用程序标识符来保持对相应处理场地的可追溯性。

如果贸易伙伴在供应链中进一步处理和打包产品，例如商店加工的产品，那么该贸易伙伴将成为制造商，并负责分配 GTIN 或项目引用和可追溯性。这可以通过结合使用可读和可扫描的产品信息来实现。如果需要，还应该存储这些信息以便将来检索。

4.2.2　牛肉供应链追溯的识别

全球物流网络（GLN）使得在供应链中使用的物理位置和各方的唯一和明确的标识成为可能。以这种方式识别是贸易伙伴之间高效电子商务［如电子数据交换（EDI）、电子目录］的先决条件。GLN 是由 GS1 公司前缀、位置引用和校验位创建的 13 位数字。任何属于 GS1 成员组织的公司或组织，均可根据其成员资格条款，使用 GLN 识别地点。

对于出口牛肉和国内牛肉，可能会有政府和行业登记机构列出被允许加工用于本地消费、出口或进口牛肉的场所。使用 GLN 补充，但不取代建立数字。

牛肉行业用于标签的条形码符号是 GS1–128 条形码，整体冷冻牛肉的标签如图 4.10 所示，条形码符号以标准格式表示净重、屠宰日期和序列号等属性信息。这确保了一个贸易伙伴编码的属性信息也可以被供应链中的任何其他贸易伙伴扫描和解释。

图 4.10　整体冷冻牛肉的标签

常规零售销售点未扫描的贸易货品（纸箱／箱标签）是为了满足规定的特定的数量或质量的特殊订单而创建的。鉴于肉类和家禽行业的贸易项目通常是可变的，所以生产过程导致相同产品的质量范围很广。

国内、进口国以及具体的市场规定可读的日期和其他信息打印在标签上。在肉类行业中使用的条形码符号是 GS1-128，用于在销售点纸箱标签上未扫描的可变计量贸易项目。GS1-128 条形码允许在条形码中表示主要全球贸易项目标识之上的次要属性信息。

条形码符号还可以标准格式表示诸如批号、批次号、序列号、有效期和质量等属性信息如图 4.11 所示。这确保了一个贸易伙伴编码的属性信息也可以被供应链中的任何其他贸易伙伴扫描和解释。

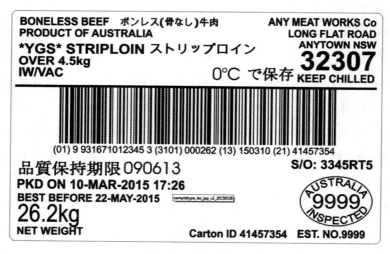

图 4.11　贸易项目牛肉纸箱的标签

在销售点扫描的可变测量贸易项目有两个主要的 GS1 应用程序可用。在某些情况下，由于贸易伙伴（如零售商）的要求，这两种选择都可能适用于一个变量的新鲜食品贸易项目。在实施任何 GS1 应用程序之前，交易伙伴之间应获得在销售点扫描的可变计量贸易项目的相互协议。

GS1 对可变计量新鲜食品贸易项目有两个主要应用。一个是使用 GTIN 和用 GS1 数据库编码的附加属性扩展或扩展堆叠的可变测量新鲜食品贸易项目；另一个是使用由 EAN/UPC 符号系族编码的限制流通编号（RCN）的可变计量贸易项目。

　　贸易伙伴在遵循 GS1 标准时，应确保了解零售商的标签要求。如果零售商指定的要求与相关标准矛盾，则应遵循零售商的要求。

第 5 章

江苏省建立食品供应链可追溯的探索与实践

5.1 江苏省食品安全追溯的发展现状

江苏省自 2014 年起便开始食品安全电子追溯系统的建设，该系统的建设在 2014 年被列为江苏省十大重点工程。"江苏省食品生产经营电子追溯系统"是加强食品安全监管，督促企业落实主体责任，促进食品安全社会共治的电子化信息管理系统。该系统包括企业追溯系统、监管追溯系统、公众查询系统三大功能模块，将信息化技术与食品生产监管职能相结合，既是食品安全监管手段的创新，又拓宽了食品安全社会监督的渠道。追溯系统记录食品生产全过程信息，包括原辅料供应商、原辅料进厂、检验、生产、销售、经销商等追溯要素，建立了食品生产追溯信息数据库。监管部门可以通过这些数据督促、指导企业进行有效地控制和召回。公众可以通过系统的手机客户端，了解相关产品生产信息，保障自身合法权益。目前该系统经过连续多年的持续推进，已入网企业达到 5051 家。

在 2014 年食品安全电子追溯系统推进之初，全省选定了 36 家行业重点食品企业做为试点，形成了江苏省食品安全追溯体系的雏形。截至 2014 年底，第一批试点的食品安全追溯企业已成功上线运行，第一批试运行企业经过少量的投入进行了自身管理系统的改造，顺利实现了 2014 年的工作目标。原江苏省食品药品监督管理局组织将第一批企业推进过程中的经验以及遇到的问题，编写了《关于江苏省食品生产溯源系统建设若干问题的答复》以及《追溯系统建立指南》发布到食品安全电子追溯系统工作群中，指导后续企业进行食品安全电子追溯系统的建设。

2015 年，原江苏省食品药品监督管理局针对食品安全追溯开展了"三拓"工作，即拓环节、拓种类、拓数量。拓环节从原来的生产环节，拓展到流通和餐饮；拓种类把第一批的仅限于乳制品、白酒、添加剂三类产品，拓展到肉制品、婴儿食品等其他预包装食品；拓数量把追溯的试点企业从原来的 36 家，拓展到 900 余家。经过"三拓"工程，截至更新年底，江苏省食品安全追溯上线企业已有 900 余家，行业初具规模。江苏省食品生产经营电子追溯系统见图 5.1。

图 5.1　江苏省食品生产经营电子追溯系统

2016 年，江苏省内追溯行业广大同仁已经认识到了食品安全追溯标准化对食品安全追溯行业的大规模应用是至关重要的，因此，必须将前期的工作经验和技术规范转化为标准，才能更好的向广大企业推进食品安全追溯的建设工作。在 2016 年，江苏省质量和标准化研究院申报立项了 9 项食品安全追溯相关的地方标准，标准覆盖了从追溯编码、公众查询内容到企业上报数据接口和平台数据交换接口。这 9 项标准中的 5 项在 2017 年底完成了审定，并于 2018 年下半年发布。还有 4 项地方标准于 2020 年初发布。这些地方标准分别为：DB32/T 3407—2018《食品安全电子追溯标识解析服务数据接口规范》、DB32/T 3410—2018《食品安全电子追溯数据目录服务数据接口规范》、DB32/T 3411—2018《食品安全电子追溯信息查询服务数据接口规范》、DB32/T 3408—2018《食品安全电子追溯生产企业数据上报接口规范》、DB32/T 3409—2018《食品安全电子追溯数据交换接口规范》、DB32/T 3416—2018《超高频射频识别读写器灵敏度测试方法》、DB32/T 3415—2018《超高频射频识别标签最小激活功率测试方法》、DB32/T 3738—2020《食品安全电子追溯公众查询信息规范》、DB32/T 3737—2020《食品安全电子追溯编码及表示规范》。

2016 年，原江苏省食品药品监督管理局还出台了进一步加强食品安全追溯体系建设的指导意见。该指导意见指出追溯体系建设，一是全面落实企业主体责任。其要求江苏省食用植物油生产企业应负责建立、完善和实施质量安全追溯系统，记录原料验收、生产过程、产品检验、产品销售、人员设备等内容和信息；建立信息管理制度，明确数据采集、传输、汇总、保存、使用等过程的职责、权限和要求；婴幼儿配方乳粉生产企业应完善追溯体系建设，规范记录生产批次、产品配方、原辅材料管理、生产加工、成品管理、销售管理、风险信息收集、产品召回等信息。企业追溯信息应做到及时、准确、系统、有效，保障追溯体系有效运行。二是加强追溯体系建设的监督和指导。各级食品药品监管部门要督促企业落实质量安全主体责任，指导、监督企业建立食品安全追溯体系，规范企业食品安全追溯信息记录。要高度重视食用植物油生产企业建立食品安全追溯体系，以及规范婴幼儿配方乳粉食品安全追溯信息记录相关工作。三是强化与食品安全电子追溯系统建设的衔接。原江苏省食品药品监督管理局建设的食品安全电子追溯系统记录了部分追溯信息，参与省市场监管局追溯系统建设的婴幼儿配方乳粉生产企业可在系统记录信息基础上对国家规定的其他追溯内容进行补充。两者相互补充、相互印证，形成完整的追溯体系信息。同时，鼓励食品植物油生产企业采用信息化手段采集、留存信息，不断完善追溯体系。

2017 年，江苏省开展了国家科技支撑计划"食品安全电子溯源技术研究及示范"项目的研究工作，江苏省以洋河、今世缘、卫岗、伊利、雨润、苏果等企业为核心，建设了江苏省食品安全标准化示范区，该示范区通过了原国家食品药品监督管理总局的验收。2018 年，原江苏省食品药品监督管理局又安排了新一批食品生产经营企业启动了电子追溯系统的建设。2018 年，参照国务院机构改革方案，江苏省也启动了省级大部门体制改革，组建了江苏省市场监督管理局，打通了市场监管全流程；同年江苏省食品药品监督管理局调整为江苏省药品监督管理局，但食品安全电子追溯系统的建设仍然继续稳步推进。截至 2020 年，上线企业达到 5051 家，追溯体系覆盖生产、流通、销售等多个环节，意味着江苏省全省的食品生产企业基本已经全部入网，这对于提高江苏省的食品安全监管水平有着重要的意义。

与政府主导建设追溯体系相对应，民间企业在食品安全监管的大背景下，也广泛开展了企业自主建设食品安全电子追溯体系的工作。企业自主建设的食品安全电子追溯体系还可以与省级食品安全电子追溯平台对接。以今世缘股份有限公司（以下简称"今世缘"）为例，今世缘采用了符合江苏省食品安全追溯地方标准的方法，基于江苏省建设的食品安全追溯物联网地址解析节点，在各个流通环节实现了分布式数据存储和物联网动态追溯数据的采集，今世缘追溯系统如图 5.2 所示。

图 5.2 今世缘追溯系统

下面分别从物品编码、标识载体、数据采集和信息平台，多个层面来描述今世缘追溯系统建设情况。

在物品编码方面，今世缘采用追溯网址 +GTIN+ 批号 / 序列号的方法来实现对物品的唯一编码，其中追溯网址采用了江苏省质量和标准化研究院建设的食品安全追溯平台的网址，GTIN 由江苏省物品编码分中心负责统一分配，批号 / 序列号由厂家自行分配，一个典型的案例为：http：//gbiotroot.cn/？g=06901234567892& b=AB20140818CD，该方案采用分段参数模式组装追溯编码信息，g 代表了 GTIN，b 代表了批号信息。

在标识载体方面，今世缘采用变码预印刷的方式，预先生成一系列追溯编码，在生产线上将追溯二维码自动附着到商品上，实现编码和物品的绑定。在生产线进行包装的环节，再对包成一箱的白酒自动扫描二维码生成箱码，最终实现箱码和单品码的关联。这种关联关系一旦确定下来，就会被记录到数据库中，消费者或下游厂家也可以通过扫码箱码来查验该产品是否被调换过包装。

在数据采集方面，今世缘为下游经销商均配发了二维码扫描手持机，所有商品销售环节只有扫描二维码才能出货。在部分高端白酒的外箱上，也安装了 RFID 标签，通过在物流仓库部署 RFID 闸门，可以实时感知商品的位置信息以及物流信息，动态监控商品的库存。

在信息平台方面，今世缘下游的一些大型经销商如银嘉食品有限公司，建设有自己的物流追溯系统，这些系统可以统一接入到江苏省质量和标准化研究院建设的物联网地址解析节点，以物品编码为索引，建立物品的追溯目录信息，最终实现了分布式追溯数据存储和自动关联。

今世缘的追溯解决方案解决了物品编码没有统一标准、物品赋码困难、数据采集难度大以及信息集中存储效率低等多个问题，通过实施该项目，今世缘积极参与到江苏省食品安全追溯地方标准体系的建设中去，将该项目的实施经验通过标准化的手段转化为地方标准。

该项目具有编码方式标准化、编码附着方式先进、数据采集自动化水平高，以及分布式数据存储和关联容易等优点，树立了白酒行业食品安全追溯领域的标杆，为其他厂家建设追溯系统提供了样板。

该方案的实施，使今世缘实现了防伪、防串货等功能，真正做到了正向可追踪、逆向可溯源、事件可查证、责任可追究的食品安全全过程追溯。产生了良好的经济效益，今世缘在 2017 年经营业绩和利润等各项指标均实现两位数的增长。食品安全追溯帮助企业全面管控产品质量的同时，也给消费者带来了消费放心酒的信心，体现了追溯的价值。

5.2　江苏省食品安全追溯地方标准体系建设

食品安全溯源体系建设是管理和控制食品安全的重要手段之一，在我国越来越受到关注和重视。在此背景下，按照国家法律法规的要求，开展江苏省食品安全追溯系统的建设，并建立与之配套的地方标准体系将具有重大意义，但由于各省经济发展水平不同，导致各省对食品安全追溯成本的承受能力不同，这是全国层面难以统一推广的关键，因此东部经济较发达省份可以通过标准先行，结合本省特点建立一套可执行的追溯标准体系，将追溯的成本控制在可接受的范围内，这将对全国食品安全追溯系统的建设起到巨大的推动和支撑作用。

由中国物品编码中心牵头，在 2013 年就启动了国家重点食品质量安全追溯物联网标准体系的建设。该标准体系结构的第一层为基础标准，包含总体框架标准、术语标准、编码标准、图形符号标志标准以及信息安全标准等；第二层以食品追溯的管理与服务、追溯物联网信息、追溯物联网技术、追溯物联网应用四大类为分支展开逐步细化。国家标准主要是从数据采集、顶层设计的角度出发来进行标准的制定。

江苏省的食品生产企业出于自身的需要开展企业食品安全追溯系统的建设已经有很多年的历史，总结发现，其在食品安全追溯建设中存在以下问题和挑战：

（1）江苏省的食品行业大都已有了一定的追溯基础，因此需要兼顾各方的利益。

（2）市场上出现了很多追溯新技术，这就要求江苏省的地方标准能与时俱进，及时地将这些新技术吸收到标准体系中去。

（3）食品安全监管力度较大，江苏省市场监督管理局要求制定的追溯标准要贴近群众、简单易用，尽量利用企业现有的追溯系统，为高中低档产品提供多样的解决方案。地方政府对追溯系统往往还寄予其他监管需求的希望，这就需要结合政府的需求和食品安全的现状，制定符合地方特点和需求的地方标准。

（4）按照地方政府要求约束和规范省级食品追溯平台的各参与方的行为，也亟需通过地方标准的制定来规范省级平台的操作。

（5）为确保追溯数据流全连通，需要有政府部门在食品原材料供应、食品生产、食品流通、食品销售各个不同领域跨部门制定地方标准。

基于上述分析，江苏省食品安全追溯标准体系（以下均简称"为本地标体系"）以遵守国家相关的法律法规为核心，以必须与国家的食品安全追溯标准体系兼容为目的。该地方标准体系分为两层，第一层分为基础标准、技术标准、应用标准、管理标准和检测标准五个分支。第二层则在第一层的五个分支基础上进行细化，基础标准分支将结合江苏省的地方特点，给出一个符合需求、成本可控的追溯码编码方案和图形符号表示方案；技术标准分支则细化了企业上报的数据内容，约定了开放给公众查询的数据的格式，细化如何保护企业上报的信息，追溯码加密以及防止商业秘密泄露；应用标准分支则对不同行业的企业端如何改造生产线，如何采集数据，如何印制追溯码给企业进行了指导；管理标准分支从管理的角度出发，来确保追溯体系有正常的加入、退出机制，并就省级食品安全追溯平台的运维和操作应该遵守的管理规范进行了描述；检测标准则主要确立追溯码市场监督抽查的具体实施步骤，细化了追溯码的印制质量要求。江苏省地方标准体系是对国家食品安全追溯标准体系的有机补充，并对国家食品安全追溯体系在江苏省开展省一级的建设起到有力的支撑作用。

在追溯关键技术方案研究方面，江苏省地方标准体系的追溯码采用以下四种方案：

1）方案一：一维商品条形码＋追溯码方案

本方案采用一维商品条形码＋追溯码组合成完整的追溯信息：追溯码采用喷码字符方式印刷，内容为商品批号或 20 位的单品序列号；这种方案对企业要求极低，适合小规模的食品生产企业；追溯系统通过定制的 APP 软件扫描 EAN–13 商品条码，然后手工输入产品追溯批号，确定后系统向手机发送产品追溯信息。

2）方案二：二维码＋追溯码方案

本方案采用二维码＋追溯码组合而成一个完整的追溯信息，二维码的主要内容为追溯网站入口＋厂商识别代码＋商品项目代码；追溯码采用喷码字符方式印刷，内容为商品批号或 20 位的单品序列号；这种方案对企业要求较低，适合中等规模的食品企业；使用带网页浏览功能的第三方手机软件即可扫描追溯二维码，网页自动跳转到输入产品批号的页面后，用户手工输入产品批号，确定后系统自动检索追溯信息，即可触发追溯。

3）方案三：二维编码方案

本方案采用二维编码技术，使所有的追溯信息均被包含在二维码中，不需要再额外喷印其他字符；这种方案对企业要求较高，适合于大型规模的食品企业，企业需要采用先印刷后关联的方法对生产线进行改造；二维编码方案二维码的内容参见表 5.1。

表 5.1　二维编码方案二维码的内容

追溯网站	厂商识别代码	商品项目代码	追溯码
入口网址	7 位 ~10 位	5 位 ~2 位	20 位

4）方案四：RFID 方案

RFID 与一维码、二维码相比在生产、流通环节做为信息记录的载体优势明显，采用 RFID 有助于提高生产效率，但与手机合为一体的 RFID 的读取设备目前还没有普及，这就导致 RFID 和一维码、二维码相比缺乏群众基础，因此目前还不能把 RFID 做为面向消费者的主流追溯手段，只能做为供应链内的追溯手段。已经采用 RFID 做为追溯介质的食品生产企业必须在前文提到的三个追溯码技术方案中选择其中的一个方案并行实现追溯功能。

在食品安全追溯企业改造方案方面，江苏省地方标准体系计划采用以下两种方案对食品生产企业进行改造。

1）方案一：固定印刷字符喷码方案

固定印刷字符喷码方案是指生产企业在定制包装时，就把固定的代表产品基本信息的一维码和二维码信息喷印在产品的包装上，该方案的工作流程如图 5.3 所示。

印刷厂首先根据追溯系统的要求，在产品包装的显著位置印刷一维码或者二维码。一维码就是商品条码，目前已经普及；二维码则需要额外加印。且食品的大包装和小包装都要求采用相同的印刷方案。

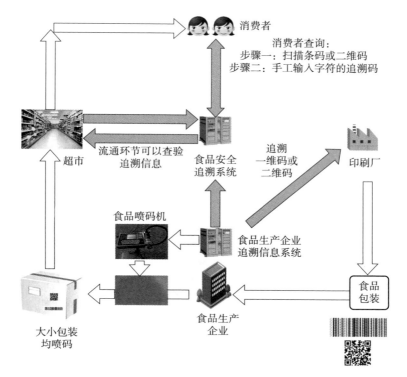

图 5.3 固定印刷字符喷码方案的工作流程示意图

食品生产企业用有一维或二维码的包装封装食品，在产品出厂时，需要使用食品喷码机，在显著位置加喷字符的追溯码。由于在喷码时，喷码机后面关联的电脑便已知晓当前的生产信息，且此时的追溯码中也已经包含了生产信息，所以，系统也及时地把喷印的追溯码和生产信息做了关联。

食品生产企业将食品销售到超市或者零售商店，流通环节的商店店员可以根据包装上的一维码和二维码＋追溯码到食品安全追溯系统中根据大包装查验该批次的追溯信息。

消费者在购买了最小销售单元的商品以后，分两步来查询追溯信息。步骤一：扫描条码或二维码；步骤二：手工输入字符的追溯码。这时，食品安全追溯系统便将追溯信息显示出来。

2）方案二：变码先印刷后关联方案

变码先印刷后关联方案是指食品生产企业在定制包装时，就把完整的包含所有追溯信息的二维码喷印在产品的包装上。由于在印刷包材的时候，生产的批次信息往往还不能确定，因此追溯码采用随机码往往不包含任何含义，该方案的工作流程如图 5.4 所示。

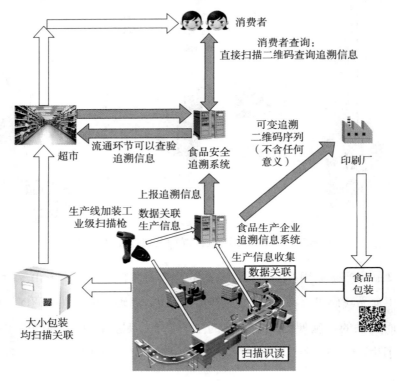

图 5.4　变码先印刷后关联方案的工作流程示意图

印刷厂首先根据追溯系统的要求，从食品生产企业获取到一组二维码的随机序列码，食品生产企业应保证所提供的所有码序列不重复，印刷企业在产品包装的显著位置印刷二维码，二维码可以印刷在包材上，也可以印刷到标签上。食品的大包装和小包装都要求采用相同的印刷方案，此时的二维码是随机生成的，食品生产企业在实际生产时，再进行二维码和生产信息的实时关联。

食品生产企业利用印好的包装封装食品，在封装时，一方面生产线要采集包材上的二维码信息；另一方面企业自身的追溯系统要记录当前的生产信息，最终扫描得到的二维码和采集到的生产信息在企业本地的追溯系统中进行数据关联。

食品生产企业将食品销售到超市或者零售商店，流通环节的商店店员可以直接扫描大包装上的二维码进入食品安全追溯系统，并根据大包装查验该批次的追溯信息。

消费者在购买了最小销售单元的商品以后，也可以直接扫描二维码在食品安全追溯系统中根据小包装的二维码直接查询该产品的追溯信息。

在食品安全追溯系统加密方案研究方面，追溯码加密可以起到两个作用：一是追溯码的结构和编码方式相对保密；二是通过加密算法和认证体系确保了追溯码的赋码是在一个封闭的系统中进行，只有企业申请了 USB Key 及数字证书后，才能正常生产并打印追溯码，这可以有效防止追溯码被伪造，考虑到企业的生产车间一般没有网络，所以该 USB Key 必须具备绑定设备后能够离线工作的能力。

标准草案中采用的加密方式也与企业采用的生产线改造方案有关，如果企业采用的是固定印刷字符喷码方案且采用批号来追溯，在生产线喷印追溯码之前，要把追溯批号通过加密机进行加密，加密后的密文一次一密，实现了一物一码的效果，但在企业上报数据时，仍然按照加密前的批号来上报信息，企业不需要在喷码之后进行二次扫描，这降低了企业实施的难度。用户在追溯时，由追溯服务器对密文进行在线解密，这样追溯码在食品流通领域形成了一个加密通道，可以在一定程度上防止低成本的追溯方案被造假。如果企业采用的是变码先印刷后关联方案，那么企业定制标签时，便可以把加密算法做进去，这样同样可以起到防止标签被仿造的作用。

不管哪种方案，要达到比较好的效果还必须建立和完善流通领域的进货可追溯查验制度，如果流通环节能贯彻该制度，则在服务器端便可利用一物一码的特性实现防伪功能。

在追溯成本评估方面，本追溯标准草案在满足地方政府监管需求的前提下，兼顾了大中小各种企业的现状，企业无论采用何种方案均需到省级监管部门进行备案。对于中、小型企业采用固定印刷字符喷码方案主要的费用是智能食品喷码机，并且绝大部分企业已经配置了该设备。企业采用二维变码的方案使生产线改造费用相对较高，目前一些领军企业已经完成类似的改造。对于没有基础的大型企业，可以先用固定印刷字符喷码方案作为过渡方案，最终过渡到变码先印刷后关联方案。

未来的江苏省食品追溯标准化工作将主要在深度和广度两个维度展开：在深度方面要把工作做细做深，主要是在计划实现的追溯环节加强与职能管理部门的合作，继续深挖食品安全追溯系统建设中遇到的问题，以标准化的方法规范企业上报数据的接口，建立健全追溯准入和退出机制，完善省级平台的运作管理规范，进一步确立追溯市场抽查机制；在广度方面，依托江苏省食品安全追溯平台，联合市场监管、农业农村、交通等部门，制定食品安全追溯在流通、养殖、运输环节的数据采集规范和接口标准，打通食品追溯信息的高速公路，最终实现食品安全追溯从地头到餐桌的全追溯。

5.3 江苏省食品供应链追溯一致性评价工作实践

江苏省在开展食品安全追溯一致性评价工作方面，积极实践，厚积薄发。基于江苏省在食品安全追溯领域较好的研究与实践基础，江苏省标准化协会与江苏省质量和标准化研究院联合申报了江苏省市场监督管理局科技计划项目"食品安全追溯企业追溯能力评价标准体系及评价方法研究"。该项目的研究基础是 GS1 标准组织的 GTC 追溯一致性评价准则，项目重点结合江苏省质量和标准化研究院的研究基础，针对企业食品安全追溯能力建设细化若干准则，GS1 的 GTC 评价准则在其他省份的若干实践验证了一个原理，GS1 的 GTC 评价准则是高于我国经济发展水平的，如果照搬国外的评价准则，就会导致食品安全追溯一致性评价工作在国内出现水土不服的现象，因此江苏省标准化协会与江苏省质量和标准化研究院联合申请了该研究项目，并于 2018 年 8 月正式开始了该项目的研究工作。

该项目的研究背景是基于食品安全追溯的行业大背景而展开的。食品安全问题既是重大的民生问题也是政治问题，我国已逐步将食品安全溯源上升到法律层面。应用物联网技术，结合现代化的信息手段解决食品安全溯源，创新监管模式，是食品安全控制的重要发展方向。但近几年来，结合我国食品安全追溯体系的建设和运行现状，研究者们普遍认识到，在我国建立完善的食品安全追溯体系，不仅仅是技术问题，更重要的是诚信问题、管理问题、利益分配问题和政策导向问题。

经调查，我国由各部委牵头，已经建成的各类食品安全追溯平台大大小小有几十个，但经过一段时间的运行这些平台大都出现了使用率低、数据质量差、企业上报数据断断续续、消费者不愿意查的问题。企业从食品安全追溯中不能直接获取到有用的信息，有的企业甚至还要同时向多个食品安全追溯的监管平台上报数据，企业既不能从中获益，又不得不满足政府和法律的要求，具体负责数据录入的人员疲于应付，数据的质量不高。而消费者通过食品安全追溯获取不到感兴趣的信息，逐渐地失去了对食品安全追溯的信心。消费者不愿意用，导致企业逐渐丧失了建设和完善追溯体系的积极性。

政府部门前期往往以极大的热情主导建设了各个追溯平台，但真正进入运行阶段后，政府发现面对海量的追溯数据，要在电脑面前实现对数据的监管是非常困难的。一方面数据量太大，实际情况很复杂，政府的监管人员很难从数据中提取有价值的监管信息；另一方面企业真正有问题的数据往往在上报追溯平台之前就已经被过滤掉了，政府监管人员看到的都是过滤后的数据。

传统的食品安全追溯体系建设方式是自上而下的由政府集中统一建设的食品安全追溯大平台，这种方法存在诸多问题：统一的大平台使企业丧失了通过食品追溯进行商业活动的自由空间，政府面对海量数据很难履行监管职能，数据集中在一起容易被泄露，追溯数据的责权利是错位的，企业上报的数据真实性往往不佳，消费者不愿意查询，数据集中的大平台的运维负担较重。

随着物联网、分布式计算和区块链等信息技术的发展，出现了一种泛中心、自组织的物联网架构，这种新型的物联网架构引起了科研机构和食品安全主管部门的高度重视。新型泛中心、自组织物联网架构正在逐渐地被应用到食品安全追溯领域，成为集中化追溯数据监管平台之后第二代实现食品安全追溯的方法。所谓泛中心指在这个食品安全追溯网络中没有数据中心，追溯数据是分散在各个企业的，企业为自己的数据负责，不存在也不需要把数据定期上传，泛中心不等同于无中心，在这个网络中仍然存在为协调各个企业之间的数据交换而设立的物联网地址解析和目录服务等节点，但这些节点不存储具体的追溯事件数据，在追溯数据交换中扮演路由器的角色。自组织是在这种网络中，有大的企业和小的企业，企业与企业之间的数据传递通道完全是由国家来制定统一的数据交换标准，企业与企业之间自行协商完成数据对接，为消费者提供追溯服务。

新型泛中心、自组织的食品安全追溯网络使得整个食品安全追溯网络的责任主体发生了本质的变化，在以前的集中式追溯系统中，政府是平台的责任主体，企业被政府推着往前走。而新型泛中心、自组织的食品安全追溯网络实际上是一个无政府的网络，在这个网络中责任主体是企业，政府只是搭建了追溯信息传递的基础设施，政府最大限度地退出了食品安全追溯网络的建设过程，而把追溯的责任下放到了企业，这有利于企业落实主体责任，也有利于政府更好地专注于监管。

新型泛中心、自组织的食品安全追溯网络更加符合政府和企业各自的定位，近年来，随着区块链技术的发展，更是为这种分散式食品安全追溯网络提供了无限可能。如何制定标准来引导企业自发不断地完善追溯体系，而不是被迫完善追溯体系，这正是本书所要研究的内容。

经过项目组的研究实践，列举了拟解决的三个关键问题以及其解决方案：

问题一：企业在食品安全追溯体系建设过程中，如何落实企业的主体责任。目前企业的追溯质量缺乏评价标准，导致落实企业实施电子追溯主体责任比较困难。

解决方案一：通过政府牵头，成立以企业为中心，自发建设的追溯评价认证联盟，该联盟以追溯体系评价和认证做为主要的工具和抓手，该追溯评价认证联盟在成立初期可以以联盟标准的形式发布联盟企业食品安全追溯评价标准，同种类型的联盟在国外对应各种形式的食品行业协会，食品行业协会是由企业自发组织并对企业的生产过程和工艺进行监督的社会团体；该联盟为企业自发组织的非营利性组织，其日常活动经费由企业分担，该联盟成立的目的在于打造联盟品牌，通过联盟评价标准认证的企业可以获得由联盟颁发的证书。对企业追溯体系的认证，使得企业自发维护追溯体系的健康运行，这对食品安全追溯体系长期健康运行有着积极作用。

问题二：目前江苏省对企业追溯体系的建设质量缺乏有效的评价指标和评价标准，使得企业在追溯体系建设中建得好坏与否不能有效区分，企业缺乏主动建设的动力和热情，企业对外进行追溯体系建设宣传缺乏依据。

解决方案二：建议对企业追溯体系评价从内部追溯和外部追溯两个维度展开。GTC 追溯一致性评价准则更多的是从企业供应链的角度开展追溯体系认证，而企业供应链外部的消费者和监管者是看不到的，这就导致了GTC 的追溯一致性评价所付出的代价和收益失衡。本项目经过对我国国情的认真研究，建议从内部追溯和外部追溯两个维度开展企业追溯能力评价，这是符合企业、社会和监管者的利益诉求的。因此该解决方案在实践中会更具有生命力。

问题三：企业建设追溯体系正向引导机制缺失。本项目的研究将使企业追溯体系建设的质量得以评价和衡量，这就建立了正向引导机制，有助于促使企业主动建设追溯体系。

解决方案三：企业通过在追溯体系建设方面的正向引导机制得到来自市场的反馈，这样的反馈对企业来说最具推动力。追溯给企业带来的价值通过两方面得到体现：一方面是追溯带来的品牌价值的提升使企业的产品在市场销售时溢价效应更明显；另一方面是追溯平台为企业打通了消费者和企业之间的反馈通道，这为企业收集消费者信息提供了一种可能，但消费者直接向企业开放个人身份信息可能涉及到一系列的安全和隐私问题，因此由第三方企业食品安全追溯联盟来收集和分析消费者的身份信息为企业提供增值服务比企业直接收集消费者的身份信息更容易让人接受。企业食品安全追溯联盟在企业和消费者之间起到了桥梁和纽带的作用。

5.4 江苏省食品安全可追溯性评价工作的规划与展望

江苏省未来开展食品安全可追溯性评价工作，主要遵循的方针为：标准引领，企业主导，认证抓手，社会共治，打造可追溯性评价联盟品牌。后续的工作开展主要分为研究和实际工作推进两条路线。

后续开展研究工作的技术路线为：

（1）深入食品生产经营企业进行追溯体系建设的调研，从追溯采集信息、HACCP 关键控制点，不同环节的责任界面，各参与方的责权利矩阵入手梳理追溯能力评价指标体系。

（2）目前 GS1 和 ISO/IEC 等国际组织，都已在食品安全追溯领域制定了相应的国际标准，项目组将对这些国际标准进行梳理，吸纳其中有用的信息，形成适应中国国情的食品安全追溯能力评价指标体系。

（3）借鉴 ISO 9000 和其他质量体系认证相关的标准，研究适用于食品安全追溯行业的第三方认证资质认定工作程序及监督机制，建设第三方企业追溯能力评价标准体系。

（4）本项目组将依据 GB/T 1.1《标准化工作导则　第 1 部分：标准化文件的结构和起草规则》、GB/T 20000（所有部分）《标准化工作指南》、GB/T 20001（所有部分）《标准编写规则》、GB/T 20002（所有部分）《标准中特定内容的改革》等标准化技术文件，通过实验验证，广泛征求意见等程序，遴选一批企业进行食品安全追溯能力试评价，广泛征求企业的意见，最终形成企业追溯能力评价方法标准草案。

　　本项目所研究的标准草案应主要从企业内部追溯控制点覆盖面和企业外部追溯体系运行状况两个方面来衡量企业的追溯能力。其中追溯控制点覆盖原料进货、投料生产、仓储、物流等关键环节，关键控制点从供应链协作、信息要求、文件要求、记录完整、程序建立等各个角度进行全方位的评价。追溯控制点又可分为强制控制点、有条件强制控制点、推荐控制点和可选控制点（如图 5.5 所示）。经过对企业生产、仓储、流通全过程各个控制点的覆盖、记录情况，以及对企业的追溯体系的运行状况的评价，来综合判定一个企业的追溯系统是否持续稳定运行，从其历史运行状况，给出一个企业的追溯能力评价（如图 5.6 所示）。

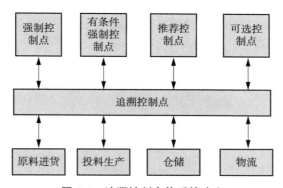

图 5.5　追溯控制点体系的建立

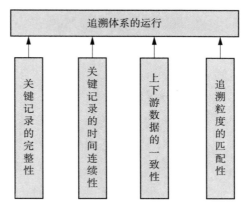

图 5.6　追溯体系的运行状况评价

　　在未来开展食品安全可追溯性评价的实际工作推进方面，主要的推进路线为通过标准化协会搭线，促进企业建立食品行业追溯联盟，在该食品行业追溯联盟中培育出若干追溯品牌。然后由食品行业追溯联盟展开对企业的追溯能力评价和认证，为了方便该食品行业追溯联盟开展工作，该食品行业追溯联盟还需要建立联盟的追溯体系，该追溯体系拟采用区块链的联盟链技术构建，该联盟链对政府有数据上报接口，对公众有统一查询接口，通过区块链技术实现防伪和追溯一体化的功能，且在该平台上还将开放商业增值服务功能，真正实现追溯为企业创造价值的目的。

关于企业开展食品安全追溯系统建设常见问题的答复

本书编写组在实际的食品安全追溯系统推广和建设过程中具有丰富的指导企业开展追溯体系建设的经验。在指导过程中，企业反馈了很多问题，现在将这些企业反馈的问题统一做出答复。一方面为市县局推动省食品生产溯源系统建设提供参考；另一方面为后续企业在有疑问时提供参考，已经有答复的就不再重复提问。

系统类问题

1. 生产商和供应商有什么区别？

答复：生产商是指原料的生产厂家。供应商是指原料通过多个销售环节最后供应给成品生产厂家的代理经销商。供应商是必填项，生产商是可选项。例如 A 公司在 B 公司购进瓶子当作原料，如瓶子是 B 公司自己生产的，则 B 公司既是生产商也是供应商；若 B 公司的瓶子是从 C 公司买来的，则 C 公司是生产商，B 公司是供应商。

2. 系统管理中部门的编码，角色的编码等怎么编码？

答复：企业根据实际情况增加部门、角色等信息，可以自行编码。

3. 系统管理的企业用户管理中的新增用户是什么概念，该输入哪些内容？

答复：新增用户是为本企业内部需要使用该系统和相关人员建立的人员信息，需要设置其登录账号、密码、姓名、部门、角色、职务与电话等，新增用户前必须先建立部门与角色信息。

4. 日配奶销售数据以及乳制品的微生物检验数据难以在销售前完成上传。

答复：检验数据滞后于销售数据这个问题，是实际客观情况。巴氏消毒奶可以暂时不上传检验数据，数据检验完成后，需要全部上传检验数据。

5. 酒类和食品添加剂行业原材料部分是重复利用的，无法按照要求上报溯源数据。

答复：目前看重复利用的原材料部分主要是包装材料，例如酒瓶。酒厂生产低档酒可能存在回收利用酒瓶子的情况，在酒瓶子对应数据中的厂名和厂址可以都是回收者的名称；回收的酒瓶在进货的时候可能没有按批次管理，但存放的时候，企业的内部管理一定要将这些酒瓶子按来源分开存放，要建立进货批的概念，一定要区分出瓶子的来源，要能通过数据来确定原料的责任人。

6. 半成品酒（散酒）由多种原酒勾兑而成，有纸质的配料单，但是，原酒罐号、批号等信息均无法提供，此外，这属于机密，企业担心造成配方泄密。

答复：对于勾兑半成品的原酒必须记录储存原酒罐号，能够确定原酒批号的必须录入批号，若没有批号可以用投料的日期代替。

7. 白酒是没有保质期的，保质期这一信息无法按要求上报。

答复：白酒企业系统中无保质期需要填写，对于接口上传的情况保质期建议填 99。

8. 企业使用的是 ERP 系统，这个系统和追溯系统可以实现对接吗？或者可以直接导入？

答复：实现与追溯系统的对接有两种方式：一种是追溯系统提供接口对接功能，企业系统根据接口规范可实现对接；另一种是追溯系统中主要环节数据提供 Excel 表格导入功能。

9. 用户登录，企业代码就是组织机构代码？用户名密码这些从哪里获取？

答复：企业代码就是组织机构代码，用户名是 admin，密码由各市的市场监督管理局发给企业。

10. 系统登录不进去，显示密码或者用户名错误等信息，怎么回事？

答复：在填写企业组织机构代码、用户名、密码时注意组织机构代码是否有横杠，密码字母的大小写，及下划线与特殊符号的书写。

11. 在物料类别里资料填写错了，能删除吗？

答复：不能删除物料类别，但可以通过"禁用"不使用这个分类。

12. 企业是否可以在用户管理里面新增用户？

答复：企业可以通过市场监管部门下发的企业管理员账号 admin 和密码登录系统，在用户管理中新增用户页面进行新增人员账号，并通过用户角色设置相应的权限，来实现多部门的数据录入。企业新增加子用户以后，可以直接用该子用户的账号和密码登录系统。

13. 用户角色及权限怎么设置？

答复：用户角色及权限是为满足企业内部管理的需要而设计开发的一

个功能。比如一个企业分为销售、生产等多个部门，企业负责人如果不希望销售部门的操作人员看到生产环节的信息或生产部门的操作人员看到企业的销售信息，就可以通过该功能设置销售部门和生产部门的权限，使他们只能看到自己部门相应权限内的信息。具体请参考"江苏省食品生产企业电子追溯系统操作手册"。

14. 忘记系统登录密码怎么办？

答复：如果是管理员账号的密码忘记或丢失，市市场监管局不可以重置，需要省市场监管局重置密码，先向省市场监管局相关人员反映，走申请流程。联系电话：025-83273695。如果是企业内部自己设置的账号密码，企业可通过管理员账号登录后在用户维护页面进行密码重置。

15. 追溯系统的供应商管理中要求上传供应商资质证明原件，指的是营业执照和生产许可证，还是择其一就行？

答复：目前指供应商所持有的许可证、比如生产许可证、流通许可证、动物防疫合格证、定点屠宰证等。

16. 企业追溯系统中企业信息管理中备案日期是什么意思？

答复：备案日期指企业正式录入并上传数据的日期，该日期是系统默认的日期。

17. 企业端追溯信息填完后，没法保存，比如企业信息管理填好了，也按了界面下中部的保存按钮，点"返回"按钮或再登录后信息全没有了？

答复：以下4种情况可能是引起问题的因素或者解决问题的办法：

（1）必填项必须填写。

（2）换台电脑。

（3）360浏览器或者IE8\9\10，不能使用IE11。

（4）有可能是企业用的运营商的宽带网络的问题，比如使用国外网络。

18. 请问电子追溯系统里面上报的哪些数据是可以修改的，哪些是不能修改的？

答复：首先电子追溯系统里面的"企业组织机构代码""商品条码"等核心数据不能修改。若必须修改相关数据，须向省市场监管局相关人员反映，走申请流程。联系电话：025-83273695。

19. 电子追溯系统中物料类别的外码怎么填（如图附录 .1 所示）？

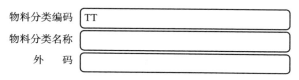

图附录 .1　物料类别的外码

答复：外码指企业管理过程中的原物料分类编码，企业应对原物料分类编码与系统物料分类编码予以明确。企业无原物料分类编码可以不填。

20. 电子追溯系统中的生产资料录不进去，原料入库资料填不了，选项都是空白的。

答复：先将电子追溯系统中字典库的信息都填好，生产资料和原料入库等信息录入时被选项就有可选项了，不再是空白的。

21. 追溯系统中所有原辅料的物料检验项目都需要输入吗？

答复：自检的所有原辅料检验项目都要录入。

22. 物料自检里面怎么没有类似于新增或者管理之类的按钮，物料自检的内容怎么输进去？

答复：物料进厂或生鲜乳进厂查询页面有个检验结论，点"未检验"会自动链接至原料检验报告页面，便可对检验数据进行输入（如图附录 .2 所示）。

图附录.2　物料自检页面

23. 同样的检验项目，例如透光率，但是不同原料透光率的标准值不一样，怎么录入呢，要每一种都列出来吗？

答复：如果不同原料透光率标准值不一样，针对不同原料分别设定检验项目标准值。

24. 现在食品添加剂标准都不标注保质期，工业用的化学品也没有，那物料输入的时候应该依据什么标准写呢？

答复：作为原料的食品添加剂必须有保质期，不得购买没有标明保质期的工业原料。根据经验或使用的周期情况可设置一个合理的保质期。

25. 追溯系统中，仓库编码是每一个物料列为一个仓库，还是一类品种一个仓库？

答复：企业按照实际设置的仓库情况进行仓库编码，如企业有5个仓库，就设置5个仓库编码。

26. 编码管理如何填写（如图附录.3所示）？

编码种类	编号规则（*表示流水号、必须连续，不可包含下划线"_"。）
供应商编号	GYS****
生产商编号	SCS****
经销商编号	JXS****

图附录.3　编码管理页面

答复：系统中各页面的编码是按照编码管理中预设的规则自动生成

的，如果企业使用预设规则生成编码则不需填写；如果企业需自定义编码规则，则需在满足系统的编码要求下自行设定（＊表示流水号、必须连续，不可包含下划线"_"）。企业可以按照自己企业的编码规则来修改。如供应商将编码预设为 GYS＊＊＊＊（供应商首拼＋四位流水号），则在供应商管理页面新增时，依据编码规则生成 GYS0001、GYS0002、GYS0003……

27. 进口原料如没有生产许可证怎么办?

答复：进口原料应录入出入境检验检疫卫生合格证明。

28. 产品的执行标准号怎么写?

答复：执行标准是食品安全国家标准、地方标准和备案的企业标准。如 GB/T 10781.1《白酒质量要求　第 1 部分：浓香型白酒》，则产品执行标准号填写为 "GB/T 10781.1"。

29. 请问追溯系统基础信息里面要求企业上传的生产许可证副本和副页是指什么?

答复：原生产许可证包括正本、副本和副页，企业无副页的不用填写。

30. 追溯系统中的供应商、经销商、生产商编号从哪里来?

答复：供应商、经销商、生产商编号是根据编码管理中设定的编码规则自动生成，企业也可根据实际编码情况进行自定义编码。

31. 一种原料最小包装是一瓶一千克，可是每次使用只要用几克，这个领料应该怎么录入?

答复：实际流程操作完后将结果录入系统，根据实际生产使用多少原料就录入多少；进货验收原料的单位与投料使用的单位必须一致，系统领料数量可以保留两位小数，建议在物料字典中将此物料的单位设定为"克"。

32. 当天的入库、销售是不是当天就要录入数据，第二天就不能录了，很多企业都要下班后才能统计出数据来，数据录入的时间有没有要求?

答复：企业应及时准确上传数据，考虑到少部分企业实际情况，可根据自身情况适当延迟数据上传，但必须保证销售前录入所有追溯数据，保证产品可追溯。

33. 原辅料有些企业自己没有检测能力怎么办?

答复：按照《中华人民共和国食品安全法》，原料入厂是必须检测的，如企业没有检测能力，可以委托符合《中华人民共和国食品安全法》规定的食品检验机构进行检测。

34. 供应商如果需要保密怎么办?

答复：企业对于属于商业秘密的内容应该向监管部门进行说明，明确属于商业秘密的具体内容和理由，各级监管部门、系统管理者签订保密承诺，对企业说明的商业秘密予以保密。

35. 请问字典库维护中的物料检验项目，如果是物料供应商提供检验报告给企业，这种情况检验项目怎么填?

答复：若供应商提供检验报告，企业可以不对该物料进行物料自检，则不用在字典库中添加该物料的检验项目。但企业应严格落实进货查验制度，核实供应商提供的检验报告或产品合格证等相关证明材料，并且在系统中如实填写查验结论。

36. 系统管理菜单下的部门层级弄错了，怎么删除?

答复：所有录入系统的信息，系统都不支持删除，可以修改或禁用。

37. 如果生产计划10000瓶，但是实际生产了8000瓶，怎么填写数据呢?

答复：若不一致可以修改生产计划，也可以不做修改。

38. 有些厂商销售的商品是一个礼盒，礼盒里的商品有不同的种类，关于这种礼盒该怎么录入？

答复：如果礼盒里的商品是自己厂商生产的，在系统上进行操作，首先将经销商和供应商都录上本企业的信息，在录完单品生产的流程之后，销售给自己的企业；然后将单品作为礼盒的原料再录一次，原料的供应商也是本企业。

条码类问题

1. 公司没有厂商识别代码怎么办？

答复：厂商识别代码包含在商品条码中，如果企业没有商品条码，须向江苏省标准化研究院下属江苏物码中心申请。条码申请请打025-86655317 咨询详细的要求，申请条码全国统一的 4007000690 电话会转到025 的这个电话上，两个电话是一样的。

2. 企业信息管理中的厂商识别代码是什么意思？

答复：企业的厂商识别代码是商品条码的一部分，一般为商品条码的前7、8、9、10 位，如下图附录.4 所示。

图附录.4　商品条码

企业申请条码后申请到的是厂商识别代码加一段区间，这段区间用来编制代表商品的商品项目代码。

厂商识别代码加商品项目代码共12位。比如厂商识别代码是69012345，8位，那么申请到的区间就有4位，可以用来指代9999种商品。第一种商品是250mL纯牛奶，可以定义为0001，则代码为690123450001，然后计算出校验位，形成商品条码。

校验位计算方法可参考《校验位计算模板》或者《条码备案表》。

3. 包装指示符指什么？

答复：包装指示符是14位条码的第一位，用于仓储或运输环节的大包装。零售商品是用不到包装指示符的。应该使用13位的EAN-13条码。

包装指示符是用于区别不同的包装级别（大箱套小箱），也可以区别不同的包装类型（纸箱、塑料箱），还可以区别不同的包装数量（20件一箱、40件一箱）。

4. 申请条码的周期是多久？

答复：申请条码的周期一般一个月左右。如果是参与省市场监管局追溯系统的企业，可以拨打电话025-86612137开通绿色通道。请说明一下是省食品安全溯源项目，申请绿色通道。通道开通后会优先办理条码。

5. 条码申请好了还要去哪里备案？

答复：系统成员企业在获得厂商识别代码并为产品编制商品代码后，应通过中国商品信息服务平台（网址：www.gds.org.cn）通报编码信息，进行商品编码信息网上管理与应用，享受编码信息实时管理与维护、全球查询、手机扫码展示、产品质量安全追溯等服务。具体备案方法可咨询025-86655317。

具体操作流程如图附录.5所示。

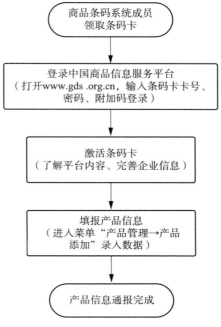

图附录 .5 条码申请操作流程

6. 代码整理好后，如何把代码转换成条码？

答复：印刷厂或者相关的软件都可以把代码转化成条码，也可打 025-86655317，寻求指导。或者可以使用条码生成软件。

7. 以前用的标签，现在换成条码，那条码打印机能不能一起把标签的信息打印出来？

答复：一般来说是可以的。企业可以和厂家联系，对条码打印机进行个性化设置，打印条码的同时连标签内容一起打印，这样就避免再打印标签的工序，节省了生产成本。

8. 请问追溯用的条码的高度和宽度有特别的要求吗？

答复：商品条码的印制要求请参考 GB/T 18348《商品条码 条码符号印制质量的检验》。

9. 企业提出，在包装上加印追溯码，如何保证印刷质量？

答复：江苏省质量和标准化研究院（以下简称"江苏省标准化院"）是负责追溯码印刷质量监督检测的职能机构，对于修改完包装的食品企业，可以将加印追溯码后的包装的样品送到或邮寄到江苏省标准化院，由其来对追溯码的印刷质量进行检测，并出具检测报告。具体追溯码印刷质量检测业务可以拨打电话 025-86602178 进行咨询。

10. 对于已经有条码的企业，还用不用申请条码？

答复：商品条码包含厂商识别代码和商品项目代码两个部分，企业申请了商品条码系统成员证书以后，厂商识别代码是固定的，商品项目代码是企业自己分配的。对于已经有商品条码系统成员证书但部分商品还没有条码的企业，企业应在自己厂商识别代码的基础上为没有条码的商品自行分配商品项目代码，确保该企业参与溯源的所有商品都有商品条码。

11. 用低温液体槽车装运的产品，请问条码贴在何处，才能确保车内东西与条码一致。

答复：产品形态比较特殊，可以随车交付一个单子给客户，在该单子上贴条码并打印相应的批号信息，客户在收到该单子以后进行产品溯源。

其他类问题

1. 对于包装上没有印刷商品条码的商品，是否需要将其纳入追溯平台的追溯范围？

答复：凡是进入超市销售的，都必须有商品条码，没有要及时申请；对于食品添加剂虽然不进入超市，但也要追溯，也要有商品条码；已经申请了商品条码但还没有使用的，要尽快将商品条码印刷到新标签上。对于直接面向家庭配送销售的乳制品，由于销售渠道单一，责任人和责任单位可以很清晰地界定，因此可以不印刷商品条码；对于通过特殊渠道销售的乳制品，如学生奶等，由于销售渠道单一，因此可以不印刷商品条码。

2. 当前，国家有多个部门管理酒产品的溯源，企业响应就会存在重复建设，不响应又无法向上级交代，相关部门能否统一管理？

答复：本次推进建设的江苏省食品生产溯源系统，是江苏省市场监管局的一项工作要求，企业必须完成，后续会逐渐考虑各个系统的兼容问题，但目前要做到完全兼容是基本上不可能的。酒产品的监管划归市场监管系统，如果别的部门建设的系统企业能做到积极配合，那对职能管理部门的工作要求企业更应该积极配合。

3. 光瓶酒、特供酒无 GTIN 编码，且一般不流入超市等销售渠道，企业不确定这些产品是否需要纳入省市场监管局追溯系统？

答复：首先国家市场监督管理总局的相关文件明确规定不允许生产特供酒，不得生产无标签的酒，不允许生产用于销售的光瓶酒，光瓶酒做为超市的赠品也是不允许的，超市不得销售无标签的预包装食品。但对于私人馈赠用的光瓶酒，由于渠道透明，责任清晰，可以考虑不纳入到追溯系统中。

4. 企业在实际生产过程中，瓶盖和瓶体等包材存在混用的情况，无法按批次进行管理，实现追溯难度很大。

答复：这是企业自身的管理问题，企业必须解决，企业必须改善内部管理，实现按批次管理。

5. 出口产品是否纳入本次追溯系统建设的范围中？

答复：不纳入，出口产品按照出口产品管理部门的规定执行。

6. 不同的产品用了同一个批号，是否影响追溯？批号相同的奶品，如果包装方式不同，则外包装的商品条码一定相互不同，这样，产品的追溯码信息上报会不会出现问题？

答复：追溯码分为两部分 GTIN+批号，或者 GTIN+序列号。商品条码不同，GTIN 就一定不同，这样不同产品之间的数据就不会冲突。

7. 关于是否采用二维码进行追溯关系到生产线的改造，目前企业的生产线打码速度的限制主要是激光打码机引起的，激光打码机目前的最大速度是 31 m/min，目前，有些企业采用拥有 20 个字符的二维码，生产线速度是 26 m/min，如果按照新的编码方案，字符长度达到 50 多位，这会引起生产线的生产速度大大降低，因此，对于激光打码的生产线采用二维变码的方案要执行下去难度很大。

答复：对于激光生产线在线打码这种情况，企业可以继续采用以前的生产线打码的方法，这种情况追溯码就被分成了两个部分：一维码（商品条码）+二维码（单品序列码）；为了适应这种情况，江苏省食品安全溯源平台的溯源 APP 软件做一个调整，用户首先扫描一维码，系统读出 GTIN 码的信息，然后用户再根据提示输入批号或单品序列号，此时用户可以手工输入，也可以扫描二维码自动输入单品序列号，这样可以通过软件适配，很好地解决这个问题。

8. 出于信息保密的考虑，企业提出，能否将追溯的数据放在自己公司的 SAP 平台上，不放在市场监管局的数据库服务器上？

答复：为了及时召回不安全食品，有效处理食品安全事故，追溯数据必须上传，追溯数据链不会泄露。

9. 企业建议单价 100 元以上的产品进行单品追溯时，能否追溯到瓶而不是酒盒，否则生产线改造的费用大、耗时长，且容易被复制、仿冒。企业目前 100 元以上的产品基本都已在瓶盖处标贴了单瓶二维码，企业是否需要实现内瓶和外盒的追溯码之间的对应？

答复：企业建设自己的防伪系统，本系统只要求外包装上按照单品追溯，内包装和外包装本系统不要求关联。

10. 企业提出，消费者查验结果能否显示出企业的宣传信息，以及企业能否宣传实施了江苏省平台的追溯管理？

答复：企业未完成追溯系统建成前不得进行宣传，在系统建成后可以开展宣传，但也只能宣传企业实现了部分产品或全部产品的追溯，不能和产品质量挂钩，追溯只代表企业生产的产品过程有了记录，与产品质量之间没有必然关系。

11. 某企业提出目前生产环节的相关信息只有书面记录没有电子文档，执行起来工作量很大。

答复：这项工作是省市场监管局的要求，这也符合企业内部管理的需要，企业正好可以借助这个机会，完善内部信息化管理。

12. 由于白酒产品无保质期，因此在仓库码放是按产品种类混堆，发货时是也是按产品种类混发，不按照批次发货，所以，发货时无法记录相关批次信息。如果严格按照省市场监管局要求记录批次信息，一是仓库面积要扩容，二是发货效率会受到很大影响。这两点，企业都难以承担。

答复：发货必须按批次，企业必须实现全程的可追溯管理。

13. 企业产品的生产批号、序列号是企业自己编，还是向有关单位申请？

答复：对于商品条码，企业必须向物品编码中心申请。但是商品的生产批号和序列号企业可自行编码，但是须按照下发给企业的《江苏省食品生产企业电子追溯系统企业原辅料、产成品、生产批号编码方案》进行编写。

14. 单品单价超过 100 元就要采用单品追溯方案？

答复："单品单价超过 100 元就要采用单品追溯方案"只针对白酒和婴儿配方乳粉，例如添加剂超过 100 元，也按批次追溯。

15. 企业内部的单品编码是 21 位，满不满足编码规则？

答复：根据编码规则，建议缩短在 20 位以内。

16. 请问市市场监管局下发的用户名及密码中企业代码和公司组织机构代码不一致，对后续追溯系统的建设有影响吗？

答复：企业必须使用真实有效的组织机构代码进行注册。对于初建阶段企业发现代码错误时，请及时反馈省市场监管局，协调系统维护人员进行处理，需发送组织机构代码证扫描件或图片。

17. 系统现在试运行，什么时候正式上线？

答复：针对第二批（2015 年）试点企业，系统 2015 年 9 月正式上线；从现在到 2015 年 8 月底是系统的对接测试阶段，第二批试点企业应确保 8 月底对接测试完成，可以实现追溯查询。

18. 请问现在企业内部使用的软件还要用吗？

答复：如果企业内部使用的软件能实现省局追溯系统的要求，建议企业找第三方软件公司开发接口程序，通过接口自动上传数据。

19. 食品添加剂怎么追溯？

答复：食品添加剂按批次，不管单品售价是否超过 100 元。单品售价超过 100 元按单品追溯，是针对白酒和婴儿配方乳粉。

20. 买条码打印机后，为什么还要买条码扫描器？

答复：条码打印机在生产环节对单品进行赋码，条码扫描器的主要作用是采集数据并进行关联，例如：条码扫描器可以验证打印出的条码能不能被读出来及录入条码信息的正误，如果不正确则进行剔除；在出库环节条码扫描器可以用来采集出库的商品的信息并和经销商信息进行绑定关联。具体的使用方法请联系专业的生产线改造企业进行方案设计。

21. 电子追溯系统中的报告，单据需不需要有实际的对应呢？

答复：电子追溯系统录入的所有信息都必须与实际一致，且保证真实有效准确。

22. 追溯系统里查不到产品的信息？

答复：只有入网企业上报了追溯数据的食品才可以查询。企业或消费者可通过如下途径进行追溯查询：

（1）电脑登录网站"www.jsfda.cn"进行查询。

（2）下载手机 APP"食品生产追溯"进行查询。

（3）关注微信公众号"江苏食品追溯"进行查询。

（4）通过微信等手机应用扫一扫（追溯二维码）功能进行查询。

23. 一些辅料是门店买的，都是免检的，没有质检单，怎么办？

答复：除种养殖产品外，其他购买的原料都必须有产品合格证或检验合格报告。目前我国食品类产品已不再实施免检制度。

24. 一年 365 天不间断生产，生产出来放仓库，接到单子就发货，没有生产计划单，只有生产任务怎么办？

答复：省市场监管局提供的是一套免费的通用系统，无法完全满足各个企业的个性化需要，企业可结合自身的生产管理现状，尽量按照系统要求进行填写。如果存在特殊情况无法实施，企业可以自己开发满足自身生产需求的系统，再与省市场监管局追溯系统进行对接。

为加强企业食品生产管理，接到生产任务后应该制定生产计划，并根据生产计划进行领料、投料生产。

25. 公众查询系统网址是什么？

答复：现在有两个查询地址：一个是第一批试点用正式环境公众查询地址 www.jsfda.cn；另一个是第二批试点目前测试阶段用测试环境公众查询地址 www.jsfda.net/trace。

26. 如果包装上有条码和生产日期（作为批号），是不是包装线就不要改动了？

答复：按批次追溯的产品，如果使用生产日期作为批号，包装线可不用改动。生产日期应打印在引导词"生产日期"之后，易于辨识。

27. 企业怎么确认已经使用省市场监管局的追溯系统完成了产品的追溯？

答复：企业必须及时上传真实有效的生产数据，在公众查询系统中，输入追溯码（"商品条码＋生产批号"或"商品条码＋序列号"）对该商品进行追溯查询来验证，追溯到本商品信息（包括食品信息、企业信息、检验信息与咨询投诉）则说明完成了产品的追溯，否则就没有。公众查询系统网址如下：

（1）二批试点虚拟公众查询系统：www.jsfda.net/trace。

（2）公众查询系统（正式）：www.jsfda.cn。

同时在企业追溯系统"追溯管理"中能够查询到每一批食品使用的原料到成品销售的完整数据链，包括正向追踪和反向溯源。

28. 企业用的禽类产品，需要供货方提供什么证件，检验项目从哪里获取？

答复：要求提供的证件是畜禽肉的检验检疫合格证。猪肉必须选用生猪定点屠宰企业的产品，应有检验检疫合格证和生猪定点屠宰许可证。检验项目从生产商或供应商的出厂检验报告、企业的进厂检验报告或委托检验报告获取。

参考文献

［1］GOLAN E，KRISSOFF B，KUCHLER F，et al. Traceability in the U.S. food supply：economic theory and industry studies［R］. Agricultural Economic Report，2004：830.

［2］安晋静，郑立荣 . 基于物联网技术的食品质量安全追溯体系［J］. 食品安全导刊，2018（09）：30.

［3］杨博 . 物联网技术在食品安全领域的应用研究［J］. 中国战略新兴产业，2018（04）：35.

［4］白凤梅 . 食品安全社会信用体系建设的必要性和技术可行性［J］. 中外食品，2004（05）：50-52.

［5］张炜达 . 论我国食品安全信用体系的构建［J］. 中国产业，2011（01）：31-32.

［6］江振长 . 分类试点推进　搭建信息平台——福建省食品药品安全信用体系建设若干问题的思考［J］. 中国食品药品监管，2017（06）：15-16.

［7］杨宇，孙中权 . 浅析国内外食品安全信用体系建设比较［J］. 中国卫生法制，2017（03）：20-23.

［8］王淑曼 . 食品可追溯体系对消费者购买意愿的影响研究［D］. 河南大学，2019.

［9］朱利莎 . 食品安全全程追溯制度探析［J］. 中国调味品，2019，44（07）：191-194.

［10］李佳洁，任雅楠，王艳君，等．中国食品安全追溯制度的构建探讨［J］.食品科学，2018，39（05）：278-283.

［11］卿勇军，李耀东．物联网技术在食品安全溯源的应用与实现［J］.物联网技术，2019，9（01）：95-98.

［12］石怀明，吴翠萍．物联网技术在农产品质量安全追溯系统中的研究应用［J］.计算机产品与流通，2018（07）：2.

［13］王蕾，王锋．农产品质量安全可追溯系统有效实施的影响因素——基于SCP范式的理论分析［J］.兰州学刊，2010（08）：40-42.

［14］赵智晶，吴秀敏，谢筱．食用农产品企业建立可追溯制度绩效评价——以四川省为例［J］.四川农业大学学报，2012，30（01）：114-120.

［15］李佳洁，王宁，夏慧，等．基于FAHP法的共享式食品追溯系统实施效力评价体系构建［J］.生态经济，2013（09）：132-136.